养生

YANGSHENG
XINYANGCAI

谢天学　主编

信阳菜

河南人民出版社
·郑州·

图书在版编目（CIP）数据

养生信阳菜 / 谢天学主编 . — 郑州 ：河南人民出
版社，2024. 7
ISBN 978 - 7 - 215 - 13524 - 6

Ⅰ． ①养… Ⅱ． ①谢… Ⅲ． ①饮食 - 文化 - 信阳
Ⅳ． ①TS972. 182. 613

中国国家版本馆 CIP 数据核字（2024）第 067893 号

河南人民出版社 出版发行

（地址：郑州市郑东新区祥盛街 27 号 邮政编码：450016 电话：0371-65788077）

新华书店经销　　　　　　　　郑州市毛庄印刷有限公司印刷

开本　710 mm × 1000 mm　　　1/16　　　印张　15.75

字数　195 千

2024 年 7 月第 1 版　　　　　　2024 年 7 月第 1 次印刷

定价：60. 00 元

《养生信阳菜》编委会

主　　任　谢天学

副 主 任　张全胜　袁　钢　杨明忠

编　　委　刘向阳　任　俊　张春茗　刘正国　王西亮

　　　　　叶长青　张　旭　张新平　杨培建

主　　编　谢天学

副 主 编　杨明忠　刘正国　刘向阳

前　言

　　信阳菜，作为豫菜的一面旗帜，正以鲜明的特色风靡全省，并以强劲的势头在其他省市餐饮市场攻城略地、开疆拓土，就连在美国、加拿大、意大利、德国、法国、西班牙、韩国、日本等多个国家的街头巷尾也有信阳菜馆现身。可以说，哪里有信阳人，哪里就有信阳菜。一时间，爆红的信阳菜让经营其他菜系的餐饮企业瞩目，消费者纷纷慕名品鉴并赞赏有加，异口同声地评价信阳菜："好吃！"

　　信阳菜"好吃"的秘密何在？

　　信阳菜的食材好。信阳位于我国重要地理分界线秦岭—淮河一线的中段，处于亚热带向暖温带过渡区，四季分明，雨量丰沛，植物茂盛，全市森林覆盖率为42.33%，年均气温在15.1—15.3℃。适宜的温度和良好的生态环境，为动植物生长繁衍提供了得天独厚的条件，境内的动植物品种多、品质优，食材味道鲜美、营养价值丰富，再生稻米、弱筋小麦、信阳毛尖、板栗、菱角、芡实、木耳、香菇、黄心菜、淮河脆萝卜等都是市场上响当当的抢手货，淮南黑猪、南湾鱼、潢川甲鱼、固始鹅、固始鸡、光山麻鸭、光山青虾等几十种农牧土特产品获国家原产地保护或有机认证。

　　好山好水孕育出众多的生态食材，为美味的信阳菜奠定了前提条件，提供了广阔的选材空间，这就是信阳菜以"好吃"征服食客的秘诀。

信阳菜的技法精。生活在南北文化交汇处的信阳人，既具有北方人吃苦耐劳的品质，又兼有南方人心灵手巧的特点，表现在厨艺上就呈现出了在扎实练好煎炒烹炸等基本功的基础上，注重在借鉴中提升、在创新上出彩的行业风尚，令信阳菜琳琅满目、精品迭出。身手不俗、数量可观的信阳菜厨师队伍形成还得益于信阳较为完善的厨师培训体系。这里既有以烹饪专业理论教育见长的高等院校，也有主攻餐饮人才职业技能培训的各类培训机构，还有信阳菜大师工作室、信阳菜餐饮企业等采取以师带徒形式进行实训的厨师孵化场所，他们共同打造出了一支理论与实践能力兼备的"信阳菜师傅"队伍。"好吃"的信阳菜就是这些信阳菜师傅们怀着虔敬之心，用灵巧的双手对信阳生态食材所作的最精致的表达。

信阳菜的底蕴厚。信阳菜以遥远的"周代八珍""楚宫名食"为源头，受中原文化、吴越文化和楚文化的长期浸润。信阳菜厨师得清宫名厨真传，广泛借鉴民间菜、宫廷菜、官府菜、餐馆菜、民族菜和外来菜等的烹饪技法，促成了与徽菜、赣菜相近，又兼具豫菜、楚菜风味，以鲜、香、爽、醇为主要特点的信阳菜的诞生。信阳菜的主料和辅料都讲求鲜活，搭配讲求互补，制作讲求多种技法同时使用，味道追求原汁原味，口感既讲究醇厚又讲究清爽，很好地体现了中国菜"食不厌精，脍不厌细"的精神，凸显养生与五味调和的美食观念，追求饮食与自然的和谐统一，在不期然间，信阳菜就修炼成了"养生信阳菜"。

信阳菜的传说多。信阳，特殊的地理方位令这里地形地貌多样、文化多元、饮食众多，勤劳智慧的信阳人赋予了信阳美食丰富而动人的传说，几近一菜一故事、一席一传说：既有皇上降旨夸赞，又有后宫喜食不厌；有"大人物"对闯荡江湖时的美味念念不忘，还有士子功成名就后的庄重报答；既有才子佳人缠绵悱恻的爱情故事，又有后生晚辈感天动地的敬老孝心；有农人的妙手偶得，也有仙人的存心点化……这些传说赋予了信阳菜深情、隽永的文化魅力，让享用信阳美食的各方人士既美美满足了口腹之欲，又获得了心灵上的滋养。

　　"好吃"是信阳菜的标签，它的独特风味让人一吃就上瘾，吃了还想吃。除了"好吃"，信阳菜精彩的传说、传奇、传承，还会给你带来更多不一样的感受。让我们一起走进本书，细细品味信阳菜的上佳味道。

目 录

第一章　信阳菜的由来

信阳菜发端于商代，相对成熟和基本定型于 20 世纪 80 年代，是一种具有鲜明特色的地方菜，是豫菜的重要组成部分。在其形成和发展过程中，农民培育了许多特色食材，民众和厨师运用娴熟的烹饪技艺，创造和烹制了许多脍炙人口的菜肴和名点，使信阳菜形成了鲜、香、爽、醇的特点和以鲜香为基本特征的风味。

一、信阳菜的定义和特点

信阳菜，是由信阳人研发、使用信阳食材（为主）烹制、适合众多消费者口味和饮食习惯的地方菜。信阳菜具有鲜明的地域特色，并以历史悠久、风味独特、菜品丰富、技艺精湛、传承清晰、口味适中、文化厚重成为豫菜奇葩。

鲜、香、爽、醇是信阳菜的主要特点。信阳菜的主料和辅料都讲求鲜活，搭配讲求互补，制作讲求多种技法同时使用，味道追求原汁原味，口感既讲究醇厚又讲求清爽。如果将信阳菜与八大菜系中的鲁菜、川菜、苏菜、粤菜、徽菜、楚菜、赣菜、湘菜及豫菜中的其他地方菜的用料、技法、特点、风味进行比较，信阳菜与徽菜、赣菜相近，同时受豫菜中的其他地方菜和楚菜的影响比较大。所有因素均显示出：鲜香是信阳菜的基本风味特征。

信阳菜主要由传统菜、现代菜和家常菜构成，其来源分别是民间菜、宫廷菜、官府菜、餐馆菜、民族菜和外来菜等。众多的来源，使信阳菜极其丰富。

食材上，信阳菜以当地农家精心选育的优良品种为主，也有从外地甚至外国引进的食材；搭配上，讲究荤素搭配、性味搭配、时序搭配，特别注重选用时令生鲜；刀工上，讲究切割精细，刀法多样；炒制上，讲究用火精妙，烹法多样；意境上，讲究意境美，有文化内涵，很好地体现出中国菜"食不厌精，脍不厌细"的精神。

科学而有益身心是信阳菜的基本特征。信阳饮食讲究"适中"，对菜肴的基本要求是"素瘦荤肥"合理配比，对膳食的基本要求是一"热"、二"干"、三"全"。这些不仅体现了信阳菜"五谷为养、五果为助、五畜为益、五菜为充"的食物结构，也体现出养生与五味调和的美食观念，突出的是饮食与自然的和谐统一。

信阳菜在发展过程中既很好地坚持了传统，又不断向其他菜系学习，创制了大量新的菜品，凸显了信阳人善于学习、吸收的特点和对创新的渴望与追求。这一态度，促使信阳菜不断得到丰富和完善，融南北风味，汇东西大菜，存地方特色，也是信阳菜能够走出信阳，成为风味独特、深受消费者喜爱的地方菜的重要原因。

二、信阳菜的形成原因

（一）地理环境、物产对信阳菜及其风味形成的影响

信阳位于我国重要地理分界线秦岭—淮河一线的中段，淮河自西向东穿过全境，全市 90% 的面积处于淮河以南。信阳总体呈东西长、南北窄形状，主体位于大别山北麓和桐柏山东北，东经 114°、北纬 31°。地势南高北低，南山地、中丘陵、北平原（洼地），全市总面积约 1.8 万平方公里，其中：山地占总面积的 36.9%，最高峰海拔 1584 米，丘陵面积与山地相近，各 7000 余平方公里，二者合计占全市总面积的 75.4%；北部是平原和洼地，面积 4000 余平方公里，占全市总面积的 24.6%。中部丘陵岗地海拔在 50—100 米，塘湖堰坝星罗棋布，梯田几乎随处可见。有水旱耕地 1200 余万亩（1 亩 ≈ 0.067 公顷，出于对作者写作习惯的尊重及对图书普及性的考量，全书中出现的"亩"不再一一换算为法定计量单位——编者注），常年水稻种植面积 700 余万亩，年产量 37.5 亿千克；小麦种植面积近 500 余万亩，年产量约 15.5 亿千克。杂粮种类丰富而质优。年粮食总产量 55 亿千克以上，占全国的 1%。

信阳属亚热带半湿润季风气候，四季分明，兼有山地气候特点，小气候差别大。光照充足，年均日照时间 2000 小时；雨量丰沛，年均降水 1300 毫米；年均水资源总量 90 亿立方米，年人均水资源 1230 立方米；全市有大中小型水库共计 984 座，总库容 40.52 亿立方米，

水资源总量占河南省总量的 22%。另外，信阳还有温泉水、矿泉水等特殊水资源。气候温暖湿润，年均气温在 15.1—15.3℃；地质矿产资源丰富，多地土壤富钾富磷、水源富锶富硒，有益于植物生长、动物繁育及微生物滋生，因而农副产品丰富多样。春季天气多变，阴雨连绵，降水天数多，各类青菜竞相上市；夏季高温、高湿，光照充足，降水量多，鱼鳖虾蟹、菌笋山珍易得；秋季凉爽，天气多晴，降水顿减，是优良的丰收季，五谷杂粮、奇珍异果漫山遍野；冬季气候干冷，降水量少，在四季中历时最长，给信阳腊制品提供了优良的微生态，为信阳火锅（炖菜）的流行创造了条件。

信阳是植物王国。据调查，全市仅高等植物就有 189 科 2200 多种，占河南省同类植物总科数的 95% 以上。全市森林覆盖率为 42.19%，有用材树 150 多种，有油茶、油桐、乌桕、核桃等油料植物 90 多种，栗、橡、葛、山药、芡实、菱角等淀粉植物近百种，茯苓、桔梗、天麻、灵芝、石斛等药用植物 310 多种，以及野花椒、百里香、望春花等芳香植物和构树、槐花等牧草饲料植物多种。山林中还有极为丰富的野生食用真菌，如竹荪、银耳、香菇、松菇、平菇、草菇、黑木耳等，还有山桃、山杏、山樱桃、野山楂、野葡萄、猕猴桃等野果。

信阳是动物乐园。信阳因特殊的地理位置及地质特色，区域小气候千差万别，食物链多样而闭合，为众多种类的动物提供了生存繁衍的良好条件。动物种类已见记载的有 2031 种。其中，陆生脊椎动物有 380 多种，占河南省该种类动物总数的 83%；无脊椎动物有 1650 种。陆生脊椎动物中，哺乳类动物有 47 种；鸟类有 300 余种，占河南省鸟类总种类的 90% 左右；爬行类动物中，龟鳖蜥蜴类有 8 种，蛇类 22 种，其中，龟、中华鳖、黑眉锦蛇、王锦蛇等种群较大；两栖类动物有 17 种，其中极北小鲵、商城肥鲵、东方蝾螈、中国雨蛙、无斑雨蛙、虎纹蛙、饰纹姬蛙为本地独有，商城、新县的大鲵（娃娃鱼），是国家二级保护动物。鱼类有 81 种，分属 9 目 15 科，其中鲤科最多，达 53 种。鲢、鳙、草鱼为主要养殖品种，个体大，生长快，产量高，味道鲜美。

水是信阳第一好食材。发源于桐柏山的淮河横贯信阳东西，浉河、灌河、潢河、史河、竹竿河、白露河等分别从桐柏山和大别山涓滴成河，终汇入淮河。全市近千座水库，水源多来自信阳天空，堪称"蒸馏水"，是难得的烹饪材料。

信阳是个神奇的地方，这里有良好的光热条件，有好山好水好田地，有勤劳的人民选育的好品种、积累的好方法，这一切催生出多姿多彩的信阳好食材。截至目前，信阳已有淮南黑猪、南湾鱼、潢川甲鱼、固始鹅、固始鸡、光山麻鸭、光山青虾等几十种农牧土特产品获国家原产地保护或有机认证。

这些地道而丰富的生态食材，为美味信阳菜的诞生奠定了前提条件，并提供了广阔的选材空间，这就是信阳菜以"好吃"征服食客的秘诀。

（二）文化对信阳菜及其风味形成的影响

信阳位于鄂豫皖三省交界处，处在中原文化、楚文化和吴越文化的交汇地带。由于自然、历史的原因，大致可分为四个相对独立的地理单元：浉河、平桥两区和罗山县为西部单元，历史上长期由义阳郡和信阳州管辖，相互之间无论是自然还是文化上差异都很小；潢川县、光山县和新县为中部单元，竹竿河、白露河和淮河三条河流将其与其他县分开，历史上合多分少，光州（潢川）和光山南北朝时同城共治，新县1932年才从光山县分出，因此，这三县在政治、地理上联系密切；商城县和固始县为东部单元，史河、灌河出商城入固始，两县至明朝才分开，至今，商城、固始两县群众生产、生活相同处多于相异处，所以，民间有"商固一家"之说；息县和淮滨县为北部单元，两县更是一家，1952年淮滨县才从息县分出，息县和淮滨县大多处于淮河以北地区，一片平原风光，风俗习惯与中原腹地相似。

从文化对信阳的影响上讲，浉河、平桥两区和罗山县受中原文化和楚文化南北夹击，商城、固始县受中原文化和吴文化共同影响，潢川县、光山县、新县受楚文化影响较大，息县、淮滨县受中原文化影响较大。随着历史的发展，不同文化对信阳各地理单元的影响也发生了一些变化，到现在，信阳大致可分为两个文化单元：一个是信阳西部地区，包括浉河、平桥、罗山两区一县和北部地区的息县、淮滨两县，受中原文化和楚文化的影响，是主要受中原文化影响的文化单元；另一个是信阳东部地区，包括中部地区的潢川、光山、新县和东部地区的固始、商城五县，是受楚文化和吴文化共同影响，以受楚文化影响为主的文化单元。

正是由于地理和历史的原因，加上文化的影响，信阳文化、风俗多样性特征十分明显，使得信阳饮食也与河南全省大部分地区有所不同。即使在信阳范围内，不同地域之间饮食上也有一定的差异。这种差异主要体现为以浉河区、平桥区为代表的西部豫楚风味和以商城县为代表的吴楚风味的不同。

（三）人口的迁移对信阳菜和信阳菜风味形成的影响

信阳曾是华夏和苗蛮部族的聚居地，是我国古文化的发祥地之一。对信阳菜和信阳菜风味形成影响的人口迁移，主要有五次：

第一次是在商周时期。商周时，中原华夏部族南下，与信阳土著部族开始融合，出现了申、息、玄、黄、蓼、蒋、赖、江等诸侯国，并出现了负函、白邑、雩娄、鸡父等城市。在长达300多年（前11世纪至前770年）的历史中，信阳一直在中原文化的影响之下，以"周代八珍"为代表的北方风味菜肴对信阳菜肴的形成和当地百姓的饮食习惯都产生了重要的影响。

第二次是在春秋战国时期。春秋战国时，随着楚国逐渐强大，上述诸侯国陆续被楚国所灭，荆楚族大举北上，陆续迁至所占区域，荆楚族人口在信阳的比例迅速提高。楚国兼并信阳地区各诸侯国后，修期思之渠，灌雩娄之野，使史淮地区农业得到迅速恢复，申息之师成为楚王称霸的主力军，申息之地的代表人物孙叔敖三任楚国宰相，成为楚国统治集团中的重要人物，信阳同楚国完全成为一体，楚文化成为信阳的主流文化。这时，以"楚宫名食"为代表的南方风味菜肴已经形成，并达到前所未有的水平。在这600余年（前770至前143）的历史中，信阳菜经过漫长的发展过程，逐渐形成了以南方风味为主的菜肴。

第三次是在两汉时期。两汉时，淮河两岸的淮南、淮北"两淮"地区，农业生产得到恢复和发展。汉武帝建元三年，即公元前138年，东瓯王广武侯望因抵挡不住闽越军队的围攻率4万余众投降。西汉时，东瓯和雩娄都属庐江郡管辖。汉武帝元封元年（前110），汉武帝以"东粤狭多阻，闽粤悍，数反目"为由，"诏军吏将其民徙处江淮之间"。这4万余人有多少迁居到信阳，没有准确的记载，但据《信阳地区志》称，估计有3000人迁到安丰、蓼和、雩娄三县，主要集中在固始县。当时，安丰、蓼和、雩娄三县，据推算共有21726户91034人。这样算来，迁入的3000人为原有91034人的3%。江浙闽赣长期受吴文化的影响，这次迁移，将吴文化带到信阳，并将福建一带的饮食习惯带到信阳。两汉时还有一次人口迁移，发生在东汉末年和三国时期，主要是西北地区的民族内迁，其中黄河中游的河东、平阳、弘农、上党等地"数万家"南迁至江淮地区的颍川、襄城、汝南、南阳。这次迁移，带来了一些西北地区的文化和饮食习惯；但由于迁移人数不多，对信阳的文化和饮食习惯影响不大。

第四次是在明朝及清朝初。前面三次人口迁移对信阳饮食习惯的影响主要集中在以固始为中心的地区，对信阳其他地区的影响不大，特别是南部山区。第四次人口迁移对信阳饮食习惯带来巨大影响。明朝建立后，朱元璋为削弱江南陈友谅的势力，在1368—1399年，曾进行大规模移民，主要将南方的民众向北迁移，即历史上著名的"移两广填两湖，移两湖入宁夏"移民行动。在这次移民行动中，朱元璋将江西、湖北14万户迁移到中都。这时的"中都"，指朱元璋的老家安徽凤阳。在明朝，信阳东部地区隶属于中都。明洪武年间，商城并未设县，与固始为一县。当时，固始共有10737户71082人。明成化十一年（1475）商城设县时，固始共有10930户73531人。明王朝将其南部的3207户21493人从固始划出，设立商城县。从江西迁来的移民，大都划归了商城县。据《信阳地区志》记载，现在商城县常见姓氏中有40%是明初从江西迁来的。商城县主要大姓家族中，周氏由安徽婺源迁居牛食畈，熊氏由江西洪都迁至商城城内，杨氏、黄氏由江西吉水迁至金刚台下石棺河，余氏由江西奉新迁至余集龙门里，李氏由江西泰和迁至铜镜畈。此外，还有相当数量的南方移民迁到罗山。明洪武年间，罗山共有13053户49308人。据史料记载，这期间来自江西、湖北、湖南、广东、广西和山西洪洞等地的数万移民迁居罗山。明洪武年间，罗山县属信阳州所辖。洪武年间信阳存户多少不详，但不会多于明天顺至隆庆年间的6600户。据此推算，信阳、罗山两地20%—30%的居民是从上述省份迁移来的，信阳、罗山两地何、王、张、孟、马、高、樊、刘、李、郭、陈等大姓，多是明洪武初从江西和"两湖""两广"地区迁来的。这次迁移，对信阳饮食习惯和文化产生重大影响。历史上，江西、安徽主要在吴文化控制之下。由于这次迁移，江西、安徽的饮食习惯对商城原有的饮食习惯造成进一步冲击，并产生重大影响。明朝以前，信阳只种粳稻不种籼稻。清嘉庆《商城县志》明确记载，籼稻"自江西引种到商城"，也有专家称籼稻是北宋大中祥符五年（1012）从福建引种到信阳的。但不管怎样，籼稻从南方引种到信阳是确切的。信阳人经常食用的"炒米饭"即以籼稻米为主要原料。"炒米饭"这种吃法，极有可能是随着籼稻的引种由江西人带到商城的。

另据民国二十三年（1934）《重修信阳县志》记载，明朝末年，清军进攻北京时，李自成下诏各地出兵"勤王"。淮南将军、福建漳州人潘天保、武德、潘天策率部北上，行至信阳时，清军攻入北京，李自成大败，于是，潘天保等率部驻扎在信阳西北的出山店等地，并接受清朝的招抚，潘天保率领的这支主要由福建人组成的队伍就留在了信阳，出山店一带的闽营、西营、北营、和孝营、吴公营、马场等地，就是当时潘天保所率各部的驻地，并因此而得名。到康熙初年，康熙实行撤藩，闽王率先响应，于是，许多福建人开始北迁。经过明末大乱之后，信阳很多地方荒无人烟，清廷就把一些奉调北撤和北迁的军队和百姓安置在荒旷的州县屯田自给，这样，许多福建籍的将军先后奉调来到信阳，并落户信阳：卫千总福建人王荣，于康熙初年迁入信阳；曾任明朝镇远将军的福建漳州人梁淳庵，于康熙初年调任信阳卫指挥，后入信阳籍；右督御史福建泉州人许克人，于康熙七年（1668）奉调信阳屯田，入信阳籍；参将福建人王文兴，于康熙八年（1669）奉调信阳，入信阳籍。这一时期究竟有多少福建人迁到信阳，没有准确的数字，但据清代许旭在《闲中纪略》中的记载，当时福建北移人口 13.5 万人，可见，移居信阳的人不会太少。信阳城西北的雷营、陶营、王营、戴营等地名中带"营"字的地方，基本上是福建移民后裔的聚居地。

明清时期的这次迁移，不会只带来籼稻，也会带来其他农作物，极大地丰富了信阳的农作物品种和饮食。同时，南方人口的增加，扩大了南方饮食和饮食文化在信阳的影响，促使信阳饮食和饮食文化进入一个快速发展的时期，并为以南方风味为主要特征的信阳菜的形成奠定了坚实的基础。

第五次是在 20 世纪 40 年代末到 50 年代中期。这次迁移是伴随着人民政权的建立和工业建设进行的，分为两个阶段。第一个阶段是1948—1949 年。这两年，信阳各地人民政权机关陆续建立，大约有660 名原籍为晋南、冀南、鲁西南、豫北和少量苏北、皖西北、豫东的解放军指战员和地方干部到各级党政军机关工作。随着机关食堂的开办，许多厨师——主要是来自驻马店的厨师——来到信阳，这些厨师主要集中在信阳市区。他们带来了豫菜的制作方法和菜肴，同时也带来了中原地区的饮食习惯和文化，对信阳——主要是浉河、平桥两区——饮食习惯产生影响，并对信阳菜和信阳饮食文化产生重大影响。

第二个阶段是在20世纪50年代中期。从20世纪50年代中期开始，8000余名外地籍大中专毕业生、军队转业干部及万余名工人陆续迁入信阳。这1.8万人主要来自江南、淮北、上海、黑龙江和河南的郑州、开封、洛阳等地。这一阶段迁移的人数尽管比较多，但都分散到各地各单位，加之时间不集中和当时的政治、社会环境所限，对信阳的饮食习惯影响不大。

综观这五次人口迁移，不难看出，信阳是一个以当地人占主体，并融合外来人口的地区，这就导致信阳菜的多样性，使信阳菜拥有以南方风味为主，兼有湖北、安徽和河南菜特色的特征。外来人口向信阳的迁移，带来了不同的饮食习惯和饮食文化。在漫长的融合过程中，信阳逐渐形成了自己的饮食习惯和以楚文化为基本特征、兼有中原文化和吴文化特点的饮食文化。

（四）治所对信阳菜及其风味形成的影响

"治所"即封建时代州、县衙门所在地，既是封建地主阶级的统治中心，也是一个地方的文化交流、汇集和融合的地方。中国古时候的治所所在地是中国城市发展的源头，其功能虽不同于现代城市，但有相似之处。从这个意义上讲，可以把治所所在地作为城市来看。

西周时期，信阳境内的息国、蒋国皆被列入周王朝二十几个同姓封国。在这些隔绝的封国城内，由王族、王人（军队）、殷遗（殷人遗民）和陶匠、音师这些不同文化背景的人群组成了一个多元的复杂社会，并同当地的所谓土著社会和土著文化共存一处。随着国家的统一，封国城内的封建上层文化和封国城外的民间世俗文化之间的藩篱被冲破，封建上层文化和民间世俗文化相互影响的力度加大，相互融合的速度加快。尽管如此，作为治所所在地的城市，在文化上和城外还是有所区别的，特别对偏远的地方来讲更是如此。自三国时信阳设弋阳郡和东晋时设豫州以后，信阳西部除有信阳、罗山县治所外，还有设在信阳的信阳州治所；信阳东部除有潢川、息县、光山、固始、商城县治所外，还有设在潢川的光州治所。在以后的大多时间内，信阳、罗山为信阳州所辖；潢川、息县、光山、固始、商城等县为光州所辖。这样，信阳和潢川一个成为南北通途上的重要城市，一个成为豫东南地区的重要物资集散地，到近代，潢川更有"小上海"之称。信阳和潢川对周边的影响不断增大。

治所之所以对信阳菜及其风味的形成产生一定的影响，除文化的相互融合外，一是因为衙门里的饮食和习惯对治所所在地产生影响。首先，封建社会，官员都是离开其出生地到他乡任职。官员和随行人员的到来，也将外地的饮食和习惯带来。其次，有的官员上任时会带上厨师，即便不带，也会雇请当地的厨师在衙门里做内厨。据《商城县志》记载，清乾隆年间，商城县衙厨役就有6人。由于衙门的封闭性，衙门里会形成自己特有的饮食和习惯，这些饮食和习惯，会通过各种渠道传出衙门，对所在地的饮食文化产生影响。二是因为治所吸收所辖区域的好的饮食和习惯，并形成治所所在地的饮食和习惯。治所一般都设在人口较多、交通方便的地方，人员密集。封建社会尽管人的流动性受到限制，但治所所处的特殊地位，会吸引所辖区域的一些人在治所所在地谋生。这些人也会将一些饮食和习惯带到治所所在城市，并逐渐融入所在城市的习俗之中，使城市文化得到丰富和提升。三是因为治所地凭借先进和强大的文化引领所辖区域的饮食和习惯。治所的开放性和包容性使其更容易产生先进的文化，这就使治所所在地比治所围墙之外的地区有更多的优势，其中包括饮食。因此，治所所在地一定会凭借自身的优势对周边地区产生影响。

从信阳的情况看，信阳的城市规模小，县级城市多。治所所在城市对信阳菜和信阳菜风味形成的影响来自两个方面。其一是外部城市对信阳的影响。历史上，信阳东部的光州及固始、商城、光山等地，多受西汉时在淮南国的属地设立的九江郡和淮南路（即今安徽寿春、合肥一带）的管辖，直到明代才由现在处于河南境内的汝宁府（在今驻马店市汝南县）管辖。信阳西部的信阳州及信阳、罗山、息县等地，基本上受汝宁府（郡）管辖。可以看出，在古代，城市对信阳的影响一是来自东边的寿春和合肥等地，二是来自北边的汝南。到了近代，随着武汉的开埠和开封河南省省会地位的确立，武汉、开封对信阳的影响超过寿春、合肥和汝南对信阳的影响，成为对信阳影响最大的两个城市。清末和民国年间，在信阳开餐馆、从事饮食业的，大都是来自开封和武汉的人。其二是信阳和潢川对其他县的影响。清末和民国时期，随着信阳、潢川流动人口的增加和城市的繁荣，大批名厨会集于此，并产生一批名店和众多的名菜、名小吃，信阳、潢川的饮食对周边地区的影响力快速加大。商城虽不是州、府治所所在地，但由于长期以来社会比较稳定，文化积淀较深厚，百姓普遍会做会吃，加之清末和民国时期宫廷、官府菜的传入，推动了商城菜烹制水平的提高，商城菜对周边的影响力也逐渐增大。

三、信阳菜的来源

改革开放前，信阳是农业人口占绝大多数的地区，工业化、城镇化的程度比较低，经济和社会形态仍处于不发达阶段。因此，就其本质来讲，信阳菜总体上属于民间菜的范畴，是以民间菜和宾馆饭店菜为主要来源和组成部分的地方菜。

（一）民间菜

民间菜是指广大城乡普通百姓制作和自用的日常菜品。民间菜分为两种，一种是四季三餐必备的菜，被称为"家常菜"；另一种是逢年过节、亲朋聚会时制作的菜，被称为"家宴菜"。一般来讲，在过去，"家常菜"以素食为主，讲求的是经济实惠；"家宴菜"以荤菜为主，追求的是丰盛、大方。现在，"家常菜"多荤素搭配合理，讲求的是营养和健康；"家宴菜"则逐渐从民间退出，让位于宾馆饭店菜。

从传承的角度看，民间菜主要靠人们相互学习、借鉴和家庭内父母对子女的教授而传承，不像宫廷菜和宾馆饭店菜有正式的传承渠道——师傅带徒弟，因此准确地考证民间菜的起源和发展变化情况是十分困难的事情。民间菜的传承和发展是一个自然的过程。民间菜存在于每个家庭之中，创制于每个家庭和家庭成员手中，并由于每个家庭和家庭成员所处的自然环境和文化的影响形成不同的口味。从这个意义上讲，民间菜是中国各种地方风味菜的源头和基础，是中国菜的根。从食用的角度看，由于民间菜主要满足的是家家户户日常生活上的需要，因此，民间菜具有地域特色浓郁、风味独特，因时取材、制法简便，菜品繁多、长于变化，经济实惠、朴实无华的特点。

信阳菜是以民间菜为主要组成部分的菜，换句话说，信阳菜大部分来自民间，或由民间菜发展而来。在当今信阳菜菜品中，比较有代表性且可考的民间菜有：商城的"筒鲜鱼""臭豆腐渣炒韭菜"，光山四大名菜——"香椿炒鸡蛋""泥鳅焖大蒜""腊肉炖黄鳝""老鳖下卤罐"和信阳的"清炒黄心菜"等。

民间菜是信阳菜的基础，也是信阳菜的主要来源，但这并不意味着民间菜在信阳菜的分类菜品中都占主体地位。从《中国信阳菜》一书不完全统计数字来看，信阳菜中的民间菜所用的食材从多到少依次是：豆制品、瓜果菌蔬、畜产、禽蛋、水产。这说明：第一，信阳菜中的民间菜主要是食材便宜、普通百姓容易获得的素菜，食材价格越高、越不容易获得的则越少；第二，信阳菜中的民间菜所用的食材以信阳当地出产的为主，自给自足的痕迹十分明显。

（二）宾馆饭店菜

宾馆饭店菜是指由宾馆饭店制作、供顾客食用的菜。宾馆饭店是随着人们的出行而出现的。人类社会进入以家庭为社会单元的阶段之后，家庭中的一些成员由于各种原因离开家庭外出。在途中，外出人员需要能够提供住宿和食物的场所，于是，专门为离开家庭外出人员提供临时居所和饮食的场所——客栈和饭店出现了。

这里所谓"饭店"，是指为大众提供住宿、饮食服务的一种建筑或场所；"宾馆"是指公家招待来宾的地方，一般来讲，就是给宾客提供歇宿和饮食服务的场所。尽管宾馆和饭店在定义上有所不同，但从现实的发展变化来看，其实质没有太大的区别。

在信阳，现代意义上的宾馆、饭店的历史很短。新中国成立时，信阳没有一家宾馆、饭店，仅有一些大众旅社和饭馆。新中国成立初期，由于实行的仍是战时的供给制体制，无论是党政机关还是企事业单位都设立了自己的食堂，以解决干部、职工的吃饭问题。于是，一大批在旅社和饭馆工作的厨师，根据需要到各级党政机关和企事业单位当炊事员，直到20世纪80年代。信阳最早的现代意义上的宾馆是浉河宾馆。浉河宾馆兴建于1971年，时称"中共信阳地委第二招待所"，主要负责接待政府官员和外宾，是当时信阳唯一一家涉外宾馆。1990年，"中共信阳地委第二招待所"对外称"浉河宾馆"，"浉河宾馆"逐渐取代"中共信阳地委第二招待所"成为正式名称。"信阳宾馆"建于1954年，恢复重建于1972年，时称"信阳地区行政公署招待所"。到1991年4月，"信阳地区行政公署招待所"更名为"信阳宾馆"，"中共信阳市委招待所"更名为"友谊宾馆"，信阳地区其他县的县委和县政府招待所也先后更名为"××宾馆"。

从信阳的情况看，这些由党委、政府招待所更名而来的宾馆，由于历史的原因，会集了信阳最好的厨师，如浉河宾馆的张油然和史良、信阳宾馆的钟广学、友谊宾馆的张天宇等。因此，无论是信阳菜的传承，还是信阳菜的提高和创新，宾馆、饭店都起着举足轻重的作用。20世纪70年代，河南科技出版社出版的《河南名菜谱》一书，收录信阳名菜48种，其中，除"桂花皮丝""霸王别姬""拌皮丝""皮丝糕"等少数菜品是在传统信阳菜的基础上制作外，其他均由党委、政府招待所更名的宾馆创制。据《中国信阳菜》一书的统计，宾馆饭店菜中的水产类菜品有41种，所用水产类食材占全部水产类67种的

61.2%；禽蛋类菜品有 20 种，所用禽蛋类食材占全部禽蛋类 53 种的 37.7%；畜产类菜品有 9 种，所用畜产类食材占全部畜产类 32 种的 28.1%；豆制品类菜品有 4 种，所用豆制品类食材占全部豆制品类 21 种的 19%；瓜果菌蔬类菜品有 14 种，所用瓜果菌蔬类食材占全部瓜果菌蔬类 56 种的 25%。从以上数字能很明显地看出，信阳菜中的宾馆菜使用的食材从多到少依次是水产、禽蛋、瓜果菌蔬、畜产和豆制品。

在信阳菜特点和风味特征的形成上，宾馆的作用突出。从消费者的角度看，由于这些宾馆接待的主要是党政官员、外宾和商务人员，这些人员对饮食的要求比普通百姓高出许多，对菜品和菜的风味有一定程度的了解，他们认可的程度，对厨师、宾馆，甚至对整个区域内的菜品和菜的风味特征都有很大影响。从提供菜品的宾馆、饭店的角度看，这些宾馆、饭店会集了信阳最好的厨师，而且这些厨师都出自名师之门，如浉河宾馆的史良和张油然等。史良，河南舞阳人，出身厨师世家。张油然，河南长垣人，14 岁到开封得胜餐馆和永来顺饭庄学艺，师从豫菜名师田海江、朱琦。信阳宾馆的钟广学，信阳固始人，是御厨传人杨长山的关门弟子。友谊宾馆的张天宇，河南上蔡人，是信阳餐饮"四杰"之一、豫菜大师李德先的弟子。就信阳这些名厨的经历和学艺过程中所学菜肴的流派看，此时信阳宾馆、饭店的菜品多属北方菜。史良创制的"金钱鳝鱼片""扒酿裙边""丰收红袍穿心莲""香酥鸡"等，是信阳菜中最著名的菜品。张油然制作的面点则代表了信阳面点的最高水平，"四喜蒸饺""雪藏珍珠""千层馅饼"是其代表作品。张天宇善烹豫菜，熟悉鄂菜、川菜，"劀卷酥鳝""云雾毛尖""绣球竹荪"等是其代表作品。这些厨师擅长烹制北方菜的特点，对信阳菜的风味特征的形成起了决定性的作用，至今仍决定着信阳菜的基本特点，主导着信阳菜风味的走向。

从信阳宾馆饭店菜的出现和发展历史看，信阳的宾馆饭店菜同官府菜和市肆菜有密切的联系，呈现出用料讲究、制作精细的特征。20世纪80年代以来，信阳的星级宾馆、饭店创制了许多非常好的菜品并在大奖赛上获奖，如"梅花虾球""石榴虾球""玉带鱼卷""金鱼闹莲""群龙竞渡庆丰收""金蛇闯蝎山""老鸭炖苔粉""百花茶芙蓉""皮丝千层肉""绣珠石榴鱼""西湖孔雀开屏虾"等，极大地丰富了信阳菜菜品，提升了信阳菜的品位，为信阳菜的形成打下了坚实的基础。

（三）宫廷菜和官府菜

宫廷菜是指御厨为奴隶社会王室和封建社会皇室制作并供王室和皇室食用的菜肴。宫廷菜大约在周朝时开始形成，到唐朝达到很高水平，南宋时开始走向奢华，清朝时，无论是质量、数量，还是奢侈程度都达到极致。由于宫廷菜是供皇帝及皇室成员食用的，制作宫廷菜的厨师都是各个朝代身怀绝技的名厨。伊尹是商朝最为精通烹饪的厨师，不仅会烹制"鹄羹"等美味佳肴，而且会用烹饪理论和技术作比喻，阐明治国之道，深得商王汤的欣赏，被任命为宰相，后世尊其为"烹饪之圣"。詹王相传是唐朝一名烹饪技艺高超的御厨，被厨师们尊为"祖师"。由于宫廷菜食用者的特殊身份，从历史的角度看，宫廷菜代表了同时代中国烹饪技艺的最高水平，亦是同时代天下美食的集中代表，具有选料严格、烹饪精湛、馔名新奇的特点和多元的风味特征，是中国菜中不可多得的瑰宝。

官府菜，也叫"公馆菜"，主要指封建社会官宦人家制作并食用的菜。官府菜始于春秋时期，到汉唐时形成规模，至清朝达到顶峰。

长期以来,宫廷菜和官府菜在中国菜中占有突出和重要的地位,是中国菜的主要构成部分。由于封建王朝和旧的官僚体制被推翻,宫廷菜和官府菜才从中国菜的顶峰滑落下来,成为许多地方菜的重要来源。

宫廷菜和官府菜是信阳菜的重要来源。宫廷菜和官府菜能成为信阳菜的重要来源,同历史上的一件大事和三个人有密切的关系。"一件大事"是八国联军进攻北京,慈禧和光绪皇帝逃出北京城;"三个人",其一是杨长山,其二是徐华义,其三是侯太安。

1900年,八国联军进攻北京,慈禧和光绪皇帝被迫逃出北京。据说,慈禧和光绪皇帝出宫外逃计划了两条路线,其中一条路线就是逃到信阳的商城。慈禧和光绪皇帝之所以选择逃到信阳商城,原因很多,其中一个原因是深受慈禧信任的大学士周祖培是商城人;同时,这一时期,在朝廷里做官的商城人很多,且许多都官居高位。由于是众多官员的出生地,他们认为逃到商城自然比逃到其他地方安全。于是,许多人,包括一些御厨,提前到商城做迎接慈禧和光绪皇帝的准备工作。后来,慈禧和光绪皇帝没有外逃到商城,而是去了西安。慈禧和光绪皇帝重新回到北京后,这些在商城做迎接慈禧和光绪皇帝准备工作的人没有再回到北京,而是就地安置在商城。这样,一些宫廷菜肴和宫廷菜的制作技艺也随着这些人的安置在商城流传开来。

杨长山,河南南阳人,1916年出生,1930年拜清末御厨李清凡为师,系统学习并掌握了宫廷菜、北京菜的基本技法。1955年,他被调到信阳后,长时间在信阳地区行署等机关食堂从事炊事员工作。其间,杨长山培养了许多厨师,向所带徒弟传授宫廷菜、北京菜和豫菜的基本技法。其中,李清凡特意为慈禧创制的"芙蓉金钱鸡片"就是经杨长山传授流传下来的，成为信阳菜中的一道名菜。清朝末年重臣李鸿章最爱吃用鳝鱼做的菜。杨长山制作的"软兜鳝鱼"和"珊瑚肉丝"，一个是李鸿章常吃的菜肴之一，一个是北洋军阀曹锟百食不厌的菜肴。"芙蓉金钱鸡片""软兜鳝鱼""珊瑚肉丝"等都已成为信阳菜中最具代表性的菜品。

徐华义，又名徐怀玉，信阳商城人，1905年出生。徐华义的祖父是清末大学士周祖培府上内厨的开门弟子。因在周祖培府上长大，徐华义的父亲改姓"周"，叫周厚学。周厚学不仅掌握了周祖培府上菜肴的制作技法，而且对宫廷菜肴及其制作方法十分熟悉。徐华义经其父亲周厚学传授，成为"周府菜"的第三代传人。

1931年，爱国将领吉鸿昌率部驻扎商城时，经常到徐华义开的餐馆吃饭。吉鸿昌称赞徐华义做的菜"不亚于京菜"。徐华义烹制"葱烤鹌鹑"用的就是宫廷菜烹制鹌鹑的方法。他所烹制的"烧香鸭""芙蓉鸡""爆双脆""板栗焖鸡""竹筒鲜鱼""五香风鸡""清蒸鳊鱼"等，对商城菜和安徽金寨县周围所谓的"三河土菜"产生很大影响。新中国成立后，徐华义多次被聘到信阳地区饮食服务公司开办的烧腊店和厨师培训班传授厨艺，对信阳菜烹饪水平的提高和烹饪人才的培养做出了很大的贡献。

对信阳菜烹饪水平的提高和烹饪人才的培养，侯太安亦有较大贡献。侯太安，河南省长垣县人，清光绪年间出生，清宣统年间至民国初的1914年，先后在信阳州（今信阳）官府和设在信阳城的河南都督府南汝光淅兵备道（1913年改为豫南道）任厨师。1914年，他在信阳城四级牌坊路（今信阳市胜利路）与解放路交叉的十字路口开宴宾楼饭馆谋生。民国初年信阳厨师界"四杰"中的李德先、宋五臣二人在宴宾楼担任主厨。1934年，侯太安在仓胡同旁花4000银圆买下一幢门面4间、中间厅房4间、后房3间、两边带耳房的宅院，扩大宴宾楼规模，面案、菜案、灶案齐全，厨师、店员10多人。1938年10月，日军占领信阳后，宴宾楼被日本人抢走，店员大都返回长垣。1939年冬，侯太安在信阳抑郁而终，但为信阳留下"海参席""鱼翅席"，还有"一品烩海参""烧蹄筋""干烧鱼""焦汁活鱼""冰糖肘子""熘炒猪肝""鸡丝辣皮"等名菜，为信阳菜的形成和发扬光大奠定了坚实的基础。

此外，像"鱼糕"这种信阳著名的菜肴，早在北宋时就是信阳等鄂豫皖交界地区地方官宦宴会上的一道名菜。根据鱼糕的制作方法，金通大酒店的厨师李宏群创制了"脆炸南湾鱼糕"。"八宝布袋鸭"是商城厨师盛世林根据孔府菜创制的。"东坡肉"传说是苏东坡在光山净居寺隐居时创制的。"皮丝"是信阳的土特产，自清咸丰年间作为贡品献给朝廷后，御厨在民间"炒皮丝"的基础上，加上鸡蛋，创制了"桂花皮丝"这道宫廷菜。现在，"桂花皮丝"不仅是信阳菜中最具特色的菜肴，也是豫菜名品中为数不多的信阳菜之一，在豫菜名品中为信阳所独有。

由于资料所限，从目前掌握和了解的情况看，尽管在信阳菜的构成中，直接来源于宫廷菜和官府菜的菜品不多，但宫廷菜和官府菜对信阳菜的影响还是很大的。从传承上看，杨长山和徐华义，一个师从宫廷御厨，一个受艺于官府名师，两人都很好地继承了宫廷菜和官府菜的技艺。应当说，经过百余年的传承，这些菜肴无论是形制还是风味，基本保留了当年宫廷菜和官府菜的特点。从技法上看，通过对宫廷菜和官府菜的学习借鉴，信阳当地多用炒、烧、焖等烹饪方法，这些方法与宫廷菜和官府菜烹制时多用的炒、烧、爆、焖、蒸等技法相近，从而大大丰富了信阳菜的烹饪技法。明清以前，由于经济的落后和社会的动荡，总体上讲，信阳无论是民间菜还是市肆菜的制作技法都十分落后。宫廷菜和官府菜在民间和市肆的流传，丰富了信阳菜的品种，有力地推动了信阳菜和信阳饮食文化的发展，促进了信阳菜和信阳饮食文化的层次和品位提升，使信阳菜和信阳饮食文化在其发展历史上达到前所未有的高度。

（四）餐馆菜

餐馆菜指在市场上向消费者提供饮食服务、具有一定规模的餐馆制作并出售的菜。从传统的角度讲，餐馆菜同宾馆菜、饭店菜没有太大的区别，不同的是餐馆和宾馆、饭店的规模及向客人提供的服务。一般来讲，餐馆只向消费者提供饮食服务；宾馆、饭店既向消费者提供饮食服务，也向消费者提供住宿服务。

这里所说的餐馆菜，既不同于宾馆、饭店制作并向消费者出售的菜，也不同于饭铺制作并向消费者出售的菜，专指有一定规模（即营业面积足够大）、经过专业培训或名师传承的厨师和服务人员足够多、菜品制作和服务规范，只向消费者提供饮食服务的专业餐馆制作并出售的菜。

清末和民国年间，信阳规模比较大的酒楼、饭馆有很多，仅信阳城区就有大小酒楼、饭馆30多家，其中有代表性的酒楼、饭馆有大梁春、豫南春、海天春、燕舞春、太香春、宴宾楼等。商城城关的贺林村、稻香村等也是比较有代表性的酒楼、饭馆。从这些酒楼、饭馆的名称看，信阳南北风味的酒楼、饭馆都有。新中国成立后，随着社会主义改造的进行，许多饭馆合并，到1958年时，信阳城区共有大的餐馆 14 家，这种情况一直延续到 1979 年饮食行业改革。这期间，信阳最著名的餐馆是隶属信阳地区饮食服务公司的烧腊店和豫南餐馆。

餐馆菜作为信阳菜的重要来源和组成部分，对信阳菜的形成和发展起着重要的作用，其中商城县的稻香村及其主厨盛世林和信阳烧腊店、豫南餐馆及其主厨聂永庆和李德先，特别是李德先，对信阳餐馆菜特点和风味特征的形成影响最大。

盛世林，信阳商城人，1894 年出生，卒于 1973 年。盛世林少时学厨三年，后在商城城关以开饭馆为生，先后经营贺林村、稻香村等饭馆。这期间，盛世林制作了信阳菜中著名的"双烧鱼翅席"，其中三大主菜分别是"白扒鱼翅""扒海参""熘鱿鱼"。20 世纪 30 年代，盛世林主厨商城县第一大店林香居。聂永庆，信阳潢川人，1886 年出生，新中国成立前主要在北京、上海的达官贵人家做厨师，善烹北京菜和海派菜。1956 年，信阳地区饮食服务公司成立烧腊店时，聂永庆被从上海请回，任烧腊店主厨。

对信阳餐馆菜贡献最大的是李德先。李德先，河南新郑人，1900 年出生，少年时随豫菜师傅学习厨艺，在宴宾楼任主厨，是民国初年信阳厨师界"四杰"之一。新中国成立前，他在信阳火车站广场开设大梁春餐馆维持生计。1956 年公私合营时，大梁春并入烧腊店，李德先由此成为烧腊店主厨，后又任豫南餐馆主厨。1972 年，信阳地区和信阳市饮食服务公司联合举办厨师培训班，李德先向参加培训班的学员传授 108 种信阳传统菜肴烹饪法。在 1973 年举办的第二期培训班上，李德先向参加培训班的学员传授多达 275 种菜肴和主食的烹饪法，其中主食 27 种，用鸡作为食材烹制的菜品 50 种，用鱼作为食材烹制的菜品27种，用牛羊肉等作为食材烹制的菜品48种，用蛋作为食材烹制的菜品10种，用虾作为食材烹制的菜品29种，用山珍作为食材烹制的菜品9种，用海味作为食材烹制的菜品37种，用各种蔬菜作为食材烹制的菜品18种，用瓜果作为食材烹制的甜食20种。此外，李德先还带徒传授技艺，现在信阳许多著名厨师都是李德先的徒弟，如高级中式烹调师郭书亭、张天宇等。李德先一生发掘和创制了许多信阳菜菜品，并很好地把传统豫菜烹饪技法和风味同信阳菜的烹饪技法和信阳人的饮食口味和特征结合起来，使信阳菜形成了特有的烹饪技法和菜品特征。李德先发掘和创制的许多菜品，至今仍是受训厨师和信阳菜制作大师必须学习和掌握的菜品。李德先发掘和创制的代表菜品有："芙蓉海参""桂花江干""酥鱼""糖醋鱼""烤方肋""日月套三环""烤虾仁"等。

（五）街边菜和街边小吃

街边菜就是街边小店和饮食摊点制作并出售的菜。信阳街边菜主要有两种类型。一类是在街道两边开设的饭馆或小店制作并出售的菜。这类由饭馆或小店制作并出售的街边菜又分两种情况。一种是饭馆或小店根据消费者需要、即时烹制的菜，另一种是熟食店预先制作好、由消费者根据需要自行挑选的菜，主要是卤菜和凉拌小菜。另一类是街边饭摊制作并出售的各类食物。街边小吃摊在信阳表现为早市摊点和夜市摊点两种形式。早市指在清晨向消费者提供饮食和服务而形成的餐饮市场。早市经营时间一般在清晨4时至上午10时，在早市上经营的饭摊主要向消费者出售各种特色小吃。每个摊点一般只出售一两样特色小吃或食品，且主要是面食和流食，不制作也不出售或极少制作和出售菜肴。夜市指在夜晚向消费者提供饮食和服务而形成的餐饮市场。夜市经营时间一般在下午5时到次日清晨4时，在夜市上经营的饭摊主要制作和向消费者出售各种家常饭菜，出售的菜品和饭食以特定的炒菜和炖菜为主，消费者只能在摊主准备的菜品原料和炖制好的菜品中进行选择。此外，也有部分饭摊制作和出售特色小吃或烧烤。除此之外，信阳还有一些专门经营特色小吃的店。这种特色小吃店有固定的门店制作人员，出售的食品也相对固定，经营时间一般从清晨5时到夜晚10时左右。

街边小吃指街边饮食店和饮食摊制作并出售的特色食物，主要是一些来自民间的特色食品。信阳的特色食物大致可分为两类，一类是各种汤，另一类是面食和面点，主要由街边小吃摊制作，少部分由街边小吃店制作。

由于街边小店和摊点经营者主要是进城农民和城镇下岗职工或居民，他们缺乏必要的烹饪知识和专业技能，制作的菜肴大都选料不精、技法粗糙，且菜品数量又少，既不如餐馆菜品质好，又不如民间菜淳朴，因此，街边菜对信阳菜的贡献和影响不大。尽管如此，信阳街边摊点也创制了以"烤鱼"和"烤羊排"等为代表的一些风味独特、群众喜爱的菜。

同街边菜不同，信阳小吃却十分有特色。据不完全统计，信阳有各种著名小吃60多种，其中历史最悠久、最著名的是勺子馍和油酥火烧。

勺子馍是一种油炸食品，是将调制好的米糊放在一种底部凸起的圆勺内，然后放在油锅里炸制。炸好的勺子馍外焦里嫩，香味十足。勺子馍的历史可追溯到汉代，距今已有2000多年的历史，20世纪70

年代勺子馍被确定为中国名小吃。令人感到遗憾的是，到 20 世纪 90 年代，信阳制作勺子馍的摊点明显减少，现在已很难见到了。

油酥火烧，又叫香酥饼、油酥馍、千层饼，是用面粉和油，加各种调料烤制的一种食品。油酥火烧始创于明代，清咸丰年间，油酥火烧被列为汝宁府十二美食之一。

除此以外，信阳水煎包、信阳胡辣汤、罗山大肠汤、潢川高桩馍、光山绿豆糍粑、固始雷家烧饼、淮滨麻里贡馓等都是著名的小吃。前些年创制和改进的鸡蛋灌饼和信阳热干面也已跻身群众最喜爱的小吃之列。

（六）民族菜和外来菜

民族菜指除汉族以外其他民族创制、适合该民族生活习惯和口味的菜。就信阳而言，在众多的民族菜中，对信阳菜影响最大的是清真菜。

整体上讲，清真菜有三大流派。一是西北流派，源于陕西、甘肃、宁夏、新疆等地，群众善用当地的牛羊肉、牛羊奶和瓜果等食材制作菜肴，风格古朴典雅。二是华北流派，源于北京、天津、河北、山西等地，群众善用牛羊肉和海味、河鲜、蛋、禽、果蔬等食材制作菜肴，讲求取料广泛、制作精细、色香味形并重。三是西南流派，主要源于云南、广西等地，群众善用家禽和菌类食材，菜肴清鲜淡雅，原汁原味。信阳清真菜主要受华北流派的影响。

信阳的清真菜同回族在信阳的分布情况一样，主要集中在固始和信阳城区两个地方。固始"汗鹅块"和"大葱扒羊肉"是信阳清真菜的代表。

固始"汗鹅块"是一种用作料水煮制的菜肴，是元初蒙古贵族进驻信阳后传入的。"汗"由蒙古族最高统治者的称号"可汗"演绎而来。"汗鹅块"因其肉香骨酥、原汁原味深受固始回族居民喜爱，是固始最著名的清真菜。"大葱扒羊肉"是信阳清真菜名厨徐留生烹制的众多清真菜之一。此外，徐留生烹制的"烤羊排""腌椒烧羊头"等，都是很有特色的清真菜。前些年，从炖羊肉改进而来的"清汤羊肉"，因其味道纯正、清淡爽口而为信阳人所喜爱，是信阳许多餐馆常备的汤菜之一。

外来菜指对信阳传统菜以外的菜品进行改造，使之符合信阳人饮食习惯和口味的菜。由于信阳菜是在长期的历史发展过程中形成的，研究者对过去形成的信阳菜品已很难逐一弄清哪些是对外来菜进行改造后创制的。根据目前掌握的资料和对信阳菜形成和发展过程的研究推断，外来菜在信阳菜中占的比例不是很大，可以说，信阳菜是以信阳当地创制的菜品为主构成的菜种。

外来菜可分为两种情况，一种是早已融入信阳菜体系的外来菜，如"八宝布袋鸭"和"商城烤方肋"。这两道菜在信阳已有近百年的历史，是商城名厨盛世林分别根据孔府菜和鲁菜创制的。商城的"拔肉丝"在历史上也颇有知名度，则是根据传统豫菜创制的。另一种是正在融入信阳菜的体系的外来菜。这些菜都是改革开放后创制的，如"金牌豆腐条"是根据粤菜"脆皮炸鲜奶"创制的，"锅仔三味鸭"和"蓝田玉竹脯"是根据鄂菜创制的，"八宝红薯泥"是根据徽菜创制的，"扒猴头"是根据豫菜创制的。在过去相当长的历史阶段，由于商业不发达、人员流动少和文化的影响、厨艺的传承，信阳的外来菜主要是对北方的菜品进行改造，使之符合信阳人饮食习惯和口味，并使信阳菜菜品迅速丰富起来。现在，由于商业的发达、人员流动的频繁和文化多元性的影响,以及厨艺的学习和传承的多渠道,信阳的外来菜呈现出对各种风味的菜品进行改造,使之符合信阳人饮食习惯和口味的趋势,信阳菜的来源更加多元化,菜品也更加丰富。

此外,以素食为主的寺观菜对信阳菜的形成和发展亦有一定影响。

四、信阳菜的发展历程

信阳菜和信阳饮食文化发端于商代。商周时,信阳境内各诸侯国贵族都是商周王室的同姓或异姓的后裔,以"周代八珍"为代表的北方饮食风味的浸染,使信阳饮食风味在这一时期以北方风味为主。战国时期,随着楚国的日益强大,信阳成为楚国的重要地区。在楚国政治文化控制之下,在以"楚宫名食"为代表的南方饮食风味出现后,信阳菜中的北方饮食风味逐渐让位于南方饮食风味。

自秦以后,经过两汉、唐宋和明清的发展,到清朝中晚期,全国各地烹饪技术全面提高,加之长期受地理、气候、物产、风俗等因素差异的影响,主要地方风味形成稳定的格局。明清时,信阳一些独具特色的物产和"烧鲫鱼""醋拌生菜"等菜肴开始出现在史书上。清中期,由于山区资源的进一步开发和驿道的增辟,信阳的集市贸易趋于繁荣,农副产品开始大量销往外地。清末民初,信阳普通百姓的日常主食,淮河以南以米为主,淮河以北米、面各占一半。烹饪方法上,家常做菜,以炒、焖为主,炖、煮为次。招待客人时,蒸、煎、爆、熘、拌、卤样样都有,调味多用油、盐、酱、醋等。菜肴以熟食为主,南部山区多用猪油烹制,北部平原多用植物油。人们开始推崇名菜,炖菜在民间宴席上占有十分重要的地位，火锅在南部山区十分普遍，风味小吃开始风靡城乡。特别是专制王朝清朝的倒台和民国众多新权贵的产生，促进了信阳商业和饮食的发展，许多高档酒楼在信阳出现，带动了信阳菜和信阳饮食文化的发展。这时的信阳菜，菜肴突出多样性、乡土性和特色性；筵宴具有一定的形式，讲究根据不同的筵宴制作不同的菜肴，使筵宴具有文化内涵；菜品和饮料比较齐全，注重菜品风味和质量，一些具有代表性的菜肴受到推崇。1933年6月8日，上海《晶报》刊发的冻蝇所写《豫南民情之各面观》一文称"豫菜著名全国、多商城所发明"，信阳菜随豫菜传播而为世人所知。信阳两区、罗山县、息县、淮滨县基本保留着中原地区的风味和饮食习惯，其他地区则基本保留着江淮流域的风味和饮食习惯。

新中国成立后，大众饮食成为主流，信阳菜基本上保留着原有的状态。党的十一届三中全会后，随着改革开放的深入，经济社会得到迅速发展，社会成员在城乡、行业之间的流动日益频繁，一些城市居民和进城农民开始在城镇特别是城市开设餐馆和饭店。20世纪70年代末至80年代初，浉河宾馆、信阳宾馆、友谊宾馆、豫南饭店、豫南饭庄、信阳酒家等一批大饭店陆续建成并投入使用，个体饭馆和街边饭摊随处可见，许多身怀绝技的厨师成为各大宾馆、饭店的主厨或厨师长，各种传统的和创新的信阳菜开始出现在人们面前。同时，市场竞争越来越激烈，极大地促进了菜品的创新和饮食文化的繁荣。信阳菜的制作技艺迅速提高，炒、烧、炖、焖、煎、蒸、炸、熘、汆、卤等烹饪技法应用于不同菜品的制作中，新菜品层出不穷。尤其是炖菜从民间走进宾馆、筵宴，不仅丰富完善了信阳菜内涵，也极大地推动了信阳菜走出信阳，使信阳菜成为风味独特的地方菜品牌。之后，

养生信阳菜

随着社会关注度的提高和信阳菜开发研究的深入，到 20 世纪 80 年代中后期，信阳菜开始形成并确立自己完整的体系。

2001 年年初，信阳茶叶节组委会正式提出"信阳菜"这一名词，并组织编写宣传画册，同时在茶叶节期间举办信阳名菜名点大赛。政府的大力倡导和推动，既有力地促进了信阳菜示范酒店建设，又加快了信阳菜原材料的配送服务发展速度，使信阳菜的发展达到前所未有的水平。

2016 年，信阳市人民政府从全市经济社会发展的大局出发，积极响应市场需求和民众关切，以当年一号文件出台了《信阳市人民政府关于大力推广"信阳菜"的若干意见》，成立了高规格的信阳菜推广工作领导小组，在全国地级市开创性地设立了信阳菜推广办公室，信阳菜产业发展由此进入快车道。在市委、市政府的正确领导下，信阳菜推广办公室按照标准化、品牌化、产业化的发展思路，积极创建"中餐美食地标城市"，大力推进名菜、名师、名店、名筵、名街、名城等"六名工程"建设，向社会发布 60 个信阳菜烹饪技艺省、市地方标准，在全国认定挂牌超 200 家信阳养生菜品牌示范店，引导培育了南湾鱼、潢川甲鱼、信阳豆腐、光山麻鸭、潢川贡面、新县葛根粉等一批特色食材生产基地，成功创建"河南传统餐饮历史文化名城""河南茶筵之乡"。2019 年，信阳市餐饮业总营业额达 344.76 亿元，占全市生产总值的 12.5%。信阳菜所具有的融合性、延展性和拉动力，在助力信阳产业融合、脱贫攻坚、旅游升级和乡村振兴中逐渐发挥出重要作用。

2021 年 9 月，信阳市第六次党代会提出了实施"两茶一菜"（信阳茶叶、信阳油茶及信阳菜）振兴工程，以"美好生活看信阳"为引领，印发了《中共信阳市委、信阳市人民政府关于加快信阳菜产业高质量发展的实施意见》（信发〔2022〕6号），并成立了以市委书记、市长为组长的信阳菜高质量发展领导小组，组建信阳菜工作专班，成立信阳菜文化研究和产业发展促进会，强力推进信阳菜产业高质量发展。至此，信阳菜被纳入全市经济社会发展的大格局之中，上升到文化与产业层面，这一举措成为信阳菜发展历程中的一座里程碑。

2023年4月，信阳市荣膺"中餐康养美食地标城市"称号，标志着信阳菜的发展迈上新征程。

第二章　信阳菜的食材

信阳菜食材来源广泛，彰显了信阳独特的地理位置和资源禀赋。本章从信阳菜食材的构成角度，重点介绍畜禽类、水产类、素菜类等三大类和蛋制品类、豆制品类、干腊类等三小类信阳菜食材。

一、畜产类食材

信阳位于河南省南部，地处淮河流域，气候温暖湿润，全市荒山草坡、河滩与天然林间草地面积可观，牧草资源十分丰富，每年农作物等的秸秆及副产品逾 2000 万吨，丰富的牧草资源和农作物副产品为草食畜牧业提供了十分广阔的发展空间，淮南猪、信阳黄牛、信阳水牛、淮山羊等为其主要优质畜产品种。

淮南猪

淮南猪，俗称淮南黑猪，是我国著名的地方优良猪种之一，主要分布于河南、安徽两省，是信阳菜主要的猪肉食材。为保护淮南猪品种资源，农业部于 1978 年在固始县拨款建立了淮南猪原种场。2004

年，新县淮南猪取得原产地标记认证注册。

淮南猪，俗称笨猪，因主要产区集中在淮河以南地区得名，其中心产区在信阳固始县。淮南猪按其头型大致可分为齐嘴大耳型和尖嘴小耳型两种。齐嘴大耳型，俗称三张嘴或三嘴落槽，体形中等，被毛黑色，耳大下垂，额较宽，嘴稍短粗，额部多有两条横纹和3—5条纵纹，前躯较窄，单脊，背腰较平直，腹较大、下垂，但不接地，臀部倾斜，后躯欠丰满，尾较长，四肢粗壮有力，鬃毛长约9.7厘米。尖嘴小耳型，俗称黄瓜嘴，体形中等，被毛黑色，两耳较小下垂，额部多有菱形皱纹，面直嘴长，单脊，背腰平直，腹稍大、下垂，胸浅，臀部倾斜欠丰满，四肢有力，适于放牧。淮南猪多分布在山区和丘陵地区，仔猪初生重约0.8千克，8月龄体重51—53千克，成猪一般体重104.9—149.7千克，体长大于胸围8.8—15.1厘米。母猪乳头多，繁殖能力强，乳头一般为8—9对。6月龄性成熟，初产仔猪一般为7—8头，第5胎产仔猪最多，一般为12—15头，最高可达23头，经产母猪第8胎产仔数开始下降，母猪利用期一般为8年。母性强，仔猪成活率95%，育成率85%。

淮南猪在信阳生态环境条件下，经过长期选育，呈现出许多优良特性，主要有：产仔数多，繁殖力强，耐粗饲，适应性强，耐热且少患病，宜粗放饲养，肉质好，瘦肉率高，约为45%，遗传性能稳定，性情温驯易管理。猪肉营养丰富，每100克瘦猪肉中蛋白质含量约为20.3克，脂肪约6.2克，并含B族维生素；而100克肥猪肉中蛋白质只有2.4克左右，脂肪90克左右。猪肝中含有蛋白质、铁、锌、磷、B族维生素、维生素A和维生素D等。中医认为，猪肉性平、甘咸、无毒，有滋阴、润燥的功用，对热病伤神、消瘦羸弱、燥咳、便秘、口渴缺饮、干咳少痰、咽喉干痛、肠道枯燥、大便干结、气血不足、肾精亏损有一定的食补与食疗功效。

由于淮南猪是在自然环境下饲养的，加之生长周期长，用淮南猪肉烹制的菜肴，特别是经过焖、烧、炖、卤的菜肴在信阳菜中有突出的地位，如信阳菜中的"焖罐肉""红烧肉""炖猪肘""卤猪蹄"等，肉香极其醇厚，是最值得品尝的菜肴。

信阳黄牛

信阳黄牛是信阳当地短脚黄牛、高脚黄牛和南阳黄牛、秦川黄牛的杂交种，是信阳菜主要的牛肉食材。

中国是早期驯养牛为家畜的国家之一，至先秦时期，牛已被列为六畜之一，祭祀时牛被列为三牲之首，称太宰。牛按品种分为水牛、黄牛、牦牛、奶牛等；按用途分为役用牛、肉用牛、奶用牛、役肉两用牛、奶肉两用牛等；按生产地域分为秦川牛、南阳牛、鲁南牛、延边牛、青藏牦牛、青藏肉牛、青藏奶牛、两湖水牛等。黄牛主要分布在淮河流域及其以北地区；水牛主要分布在长江流域及其以南地区；牦牛又称藏牛，主要分布在西藏、青海、四川西北部。现在，我国不少地方还有从国外引进的肉牛、奶牛。国外引进的肉牛体躯粗壮，肌肉丰满，肉质好，出肉率高。

信阳本地黄牛品种，山区多为短脚黄牛，丘陵和平原区多为高脚黄牛。由于短脚黄牛和高脚黄牛体重较轻，体躯短，净肉率仅为31%左右，役、肉、乳性能较差。新中国成立后，信阳畜牧业科技人员对信阳本地的黄牛进行改良，于20世纪60年代从南阳引进南阳黄牛种公牛，70年代后期又引进秦川黄牛，同信阳黄牛进行杂交，使信阳黄牛的品质有所提高，由此，信阳黄牛成为主要由淮河流域本地短脚黄牛、高脚黄牛和南阳黄牛、秦川黄牛杂交而形成的一种优良黄牛。在信阳所产的黄牛中，以息县产的黄牛最好，具有肉质细嫩、味道鲜美的特点。牛肉营养丰富，蛋白质含量高，每100克瘦牛肉中蛋白质含量为20.2克左右，脂肪含量在2.3克左右。牛肉含有全部人体必需的氨基酸，且质量与人体氨基酸接近。牛的肝脏中蛋白质含量也较高，且含有维生素A、维生素D及钙、磷、铁、铜、锌等。中医认为，牛肉味甘、性平、无毒。《本草纲目》记载："牛肉补气，与黄芪同功"，肉者胃之药也，熟而为液，无形之物也。故能由肠胃而透肌肤、毛窍、爪甲，无所不到"。《日华子本草》记载："水牛肉冷"，"黄牛肉温"。牛肉有补脾胃、益气血、强筋骨的功效，对虚损瘦羸、口渴、脾弱不运、痞积、水肿、腰膝酸软有一定食疗功效。

我国食用牛肉的历史很久，《礼记》所记"周代八珍"中的捣珍、渍、熬、肝膋四种都用牛肉制作。秦汉以后，由于重农思想的发展，许多朝代都曾下达过禁屠令以保护耕牛。纵观我国的历史，除以从事畜牧业生产为主的一部分少数民族外，在以农业生产为主的地区，一般都是冬闲时以淘汰牛作为食用原料，这种状况一直延续到20世纪末。因此，长期以来，牛肉在我国人民的食品消费中占比很低。

牛肉的肌纤维比猪肉、羊肉长而粗糙，结缔组织多，初步加热后蛋白质凝固时收缩性强，持水性相对降低，失水量大，肉质较老韧。

烹调时多用切块炖、煮、焖、煨、卤、酱等长时间加热的烹调方法。牛的背腰部及部分臀部肌肉肌纤维斜而短，结缔组织少，用刀切成丝、片等形状，用旺火速成的炒、爆等方法制成菜，可获得口感柔嫩的效果。为改善牛肉的肉质，人们采用的传统方法是悬挂法，即将大件牛肉吊挂起来，利用其自重拉伸肌肉，使其在僵直时肌纤维不收缩，并使其易于断碎，此法可使其嫩度提高30%。在炒牛肉丝抓浆时，加1—2汤匙植物油，静放20—30分钟后再炒，利用油分子配合水分子在肌纤维中遇热膨胀时爆开的效果，可使菜品细嫩松软。现在人们则采取往肌肉里注射木瓜蛋白酶的方法，利用加热时酶活化的特性，破坏肌肉中的胶原纤维，提高牛肉的嫩度；炖煮时采取添加木瓜蛋白酶或加凤仙花籽、山楂、冰糖、茶叶，或在炖前涂抹芥末等方法，也可取得同样效果。信阳菜中，牛肉主要用来炒、烧、炖、卤、制馅，如"炖牛肉""西红柿炖牛腩""青椒炒牛肉丝""清炖牛蹄筋""炸牛肉丸子""卤牛肉"等。

板山羊和黑山羊

板山羊和黑山羊是信阳饲养的主要山羊品种，是信阳菜主要的羊肉食材。

板山羊被毛全白，体重一般约70千克，结构匀称，板皮柔软，分层多而不碎，拉力强，韧性大且弹性好，产肉性能较好，屠宰率一般为45%左右。板山羊肉质细嫩，膻味小，味鲜可口，是良好的皮、肉兼用羊。板山羊繁殖率较高，成年母羊一年两胎，每胎产2—3只羊羔，高者可达5只，母羊利用年限一般为3—5年。

黑山羊原产于四川简阳，又称简山羊，1975年由驻信阳县（今平桥区）李家寨公社的中国人民解放军某部从四川引进。黑山羊体格较大，四肢高，善走善跳，耐粗饲，适宜山区放牧。从1983年起，信阳县、新县、固始县和罗山县等先后从四川引进一批繁殖推广。黑山羊被毛黑色，柔软较长，富有光泽，背腰平直，身躯呈圆筒状，紧凑结实，皮质好，富有弹性，板皮光滑。黑山羊产肉性能较好，屠宰率为44%左右，净肉率为39%左右，肉质细嫩，味佳。

羊肉含有丰富的蛋白质，每100克羊肉中蛋白质含量在20.5克左右，脂肪约4克，铁、锌、磷含量较高，钙、铜等含量适中。羊肝中维生素A、维生素D、烟酸含量很高。羊肉中还含有大量的左旋肉碱（约2.1克/千克），可促进长链脂肪酸燃烧，能增强雄激素的活力，有促进心脏健康的作用。中医认为：羊肉大热。《名医别录》记载："羊肉味甘，大热，无毒。"羊肉的热量是牛肉的2倍、猪肉的3倍；铁的含量是猪肉的6倍。羊肉中的脂肪与胆固醇含量较少，冬季食用可促进血液循环，有增温御寒的作用。羊肉有益气补虚、温中暖下之功效，对肺结核、气管炎、贫血、产后与病后气血两虚、腰膝酸软、腹疼、寒疝、中虚反胃等具有食补及食疗作用。

信阳菜中的羊肉原料主要是山羊肉，以炖、烧、焖为主要烹制方法。"羊肉炖白菜""羊肉炖粉条""红烧羊肉"是最普通也是最常见的菜。"清炖羊肉""焖羊肉""酱烧羊肉""干烧羊肉丸子""炒羊脸"等是用羊肉烹制的精品信阳菜。近年来，新创制的"清汤羊肉"，很好地解决了羊肉的膻气重和不够爽口的问题，成为受人喜爱的新菜品。

二、禽蛋类食材

信阳禽类资源丰富，养殖历史悠久。信阳养殖的禽类，以鸡、鸭、鹅"三禽"为主，其中鸡最多。近些年，农户散养的"三禽"数目虽有所下降，但集中和专业养殖数量则大幅增加。信阳养殖的鸡、鸭、鹅

"三禽"，以信阳三黄鸡和固始鸡、淮南麻鸭、固始鹅为主要品种。

信阳三黄鸡

鸡是我国劳动人民最早驯养的禽类之一，周代鸡已被列为六畜之一。我国鸡类品种很多，如贵妇鸡、寿光鸡、北京油鸡、狼山黑鸡、洛岛红鸡、芦花鸡、白羽乌鸡和珍珠鸡等。

信阳三黄鸡是河南乃至中国优良的禽类地方品种，也是最好的食用鸡品种之一。信阳三黄鸡、固始鸡在信阳有很长的养殖历史，经过信阳百姓精心饲养和培育，被信阳当地群众称为土鸡。三黄鸡因其喙、体躯羽毛、趾三处为黄色而得名。三黄鸡体格较小，体态匀称，结构紧凑，外貌秀丽，成年公鸡体重1.6—2千克，母鸡体重1.2—1.4千克；喙粗，呈米黄色，脊部为黄褐色；眼大突出，明亮有神，虹彩呈橘红色；冠、肉垂、脸面和耳垂均呈鲜红色。

三黄鸡冠型有单冠、复冠两种，以单冠为最多。公鸡颈部粗壮，胸部宽阔，腰背平直，头尾高翘，肌肉丰满，体羽金黄色，鲜艳美观。母鸡颈细灵活，胸部突出，腹部宽大、柔软而富有弹性。三黄鸡具有产蛋多、肉质鲜美、适应性强、抗病、耐粗饲、雏鸡成活率高的特性，深受群众喜爱。目前，三黄鸡在信阳各地都有饲养，其中以浉河区、平桥区、罗山县、息县饲养较多，主要集中在肖店、邢集、兰店、明港、长台关等地。信阳饲养三黄鸡主要采取散养方式，鸡的食物主要是虫、草等天然食物。三黄鸡生长发育速度较慢，肉质鲜美，味道芳香，营养丰富；蛋壳粉红色，厚而致密，蛋黄大，呈黄红色。三黄鸡非常符合国际上对肉鸡品种的要求，因而广受欢迎。

我国食鸡的历史久远。《淮南子》称：齐王食鸡，必食其跖。《楚辞·招魂》中有所谓"露鸡"的记载,《齐民要术》有所谓"脂鸡"的记载,唐代有所谓"黄金鸡",宋代有所谓"蒸鸡"。至清代,《随园食单》《调鼎集》《清稗类钞》等典籍中均记载了多种用鸡烹制的菜肴。其中,仔鸡多用于炸、烤;成年鸡多用于扒、烧、煮、焖;老鸡多用于炖、煨。鸡肉具有浓郁的鲜香味,是制汤最理想的原料之一。

整鸡经整料出骨,可以烹制出工艺难度极大的出骨菜,如"八宝鸡""鸡煲鱼翅""蛤蟆鸡"等。鸡脯肉持水性好,肉质细嫩,最好采用批片、切丝,用炒、熘等方法烹制,也可剞花、斩蓉。鸡腿结缔组织偏多,最好是整只炸、烤,肉味香美,也可斩块炖、焖、煮、烧,还可切丁、条,用炒、熘、爆、烹等方法烹制。鸡翅膀可整形带骨或斩块烧、煮、煨、炖,也可煮熟后拆骨并保持整形用于拌、烩,或穿入他料替代骨骼。信阳菜中用鸡作为食材烹制的菜很多,比较有特色的有"烧公鸡""辣子鸡""面炕鸡""板栗焖鸡""固始鸡汤"等。烹饪信阳菜,对鸡的要求很高,如炒"辣子鸡",必须选3月龄左右未"开叫"(指没有打过鸣)的仔公鸡,如果是炖汤,须用鸡龄3年左右的母鸡。无论是炒仔鸡还是炖鸡汤,从味道和鲜嫩的角度讲,三黄鸡最佳。

信阳菜中用鸡烹制的菜肴,比较著名的有"粉皮焖鸡""芙蓉金钱鸡片""什锦布袋鸡""玉簪鸡球""八宝葫芦鸡""毛尖白鸡片""板栗焖鸡""鸡肉丸子""家常炒鸡杂""家常炒鸡丝""家常炖鸡""清蒸整鸡""鸡肉胡辣汤""杜氏烧鸡""汪记卤鸡"等。

固始鸡

固始鸡又称固始黄,也称九斤黄,主要产于信阳市固始县,固始县境内的分水、汪棚等地饲养较多。固始鸡是当地群众和科技工作者经过长期选育而成的蛋肉兼用型地方良种。为保护和利用这一珍贵的品种资源，有关部门于1977年拨专款在固始县建立了固始鸡原种场，进行固始鸡的提纯复壮和选育研究。固始鸡体躯呈元宝形，羽毛丰满，以金红色、黄色和麻黄色为主；单冠直立，6个冠齿，冠后缘分叉，冠、肉髯、耳垂皆呈鲜红色；眼大而微突，虹彩呈浅栗色，喙短略弯曲，呈青灰色；尾型分佛手状尾与扇形尾两种，趾青色。

固始鸡公鸡毛呈金红色，母鸡以黄色、麻黄色为多，亦有少量黑鸡、白鸡。固始鸡有"五斤鸡、八斤蛋"之称，即固始鸡每只成鸡体重约2.5千克、8枚鸡蛋重约0.5千克。固始鸡半净膛屠宰率，公鸡为81.8%，母鸡为80.2%，肉用性能好。母鸡长到180天开产，年产蛋122—222枚。蛋黄呈鲜红色，蛋用性能也非常好。鸡分肉用型、蛋用型、肉蛋兼用型三种。鸡肉营养丰富，每100克鸡肉蛋白质含量为19.3克、脂肪含量为9.4克，含有人体所需的全部氨基酸及磷、铁、铜、钙、锌等人体所需的多种元素，并含有B族维生素、维生素A等。不同类型的鸡肉，其味道也略有不同。鸡肉具有温中、益气、补精、添髓的功效，主治虚劳羸瘦、中虚、胃呆食少、产后少乳、病后虚弱。中医还认为：公鸡属阳，兼补虚弱；母鸡属阴，有益于产妇、老人。除鸡肉外，鸡肝、鸡肾、鸡心、鸡脑、鸡血、鸡油、鸡蛋、鸡内金等均有食疗作用。

固始鸡蛋

固始鸡蛋，俗称笨蛋，是当地农民在山坡、草地、园地等进行自然放养的固始鸡所产的鸡蛋。固始鸡其肉富含多种氨基酸（如牛磺酸）、维生素、微量元素。固始鸡蛋蛋壳呈浅红色、细腻美观，具有蛋大、壳厚、耐贮运、蛋清稠、蛋黄色深、营养丰富、风味独特等特点。

固始鸡蛋在烹制菜肴方面有着广泛的用途，或蒸或煮，或炒或煎，或炕或炸，可做蛋汤、蛋饺、蛋挞、蛋皮，还可做茶蛋、卤蛋、松花蛋、变蛋、咸蛋，种类繁多，花样翻新，是信阳菜中必不可少的特色食材。以其为主要食材制作的代表菜品有"香椿炒鸡蛋""蒜薹烧鸡蛋""母鸡鱼丸炖蛋饺"等。

淮南麻鸭

淮南麻鸭是我国最著名的禽类品种，也是最好的食用鸭品种。淮南麻鸭原产于信阳的商城、固始、光山、潢川一带，现饲养范围扩大到信阳各区县和安徽、湖北等地。在信阳，以光山所产的麻鸭最有代表性。我国劳动人民很早就对野鸭进行驯化，并选育出许多优良品种。鸭按用途可分为肉用型、蛋用型、肉蛋兼用型，如信阳光山麻鸭为肉蛋兼用型，北京白鸭为肉用型，安徽的合肥麻鸭为蛋用型，信阳从英国引进的樱桃谷鸭属肉用型，等等。

淮南麻鸭母鸭全身羽毛呈麻褐色，虹彩呈褐色，极少数呈蓝色。胸腹部毛色较浅，喙青黄色，少数红黑色，趾黄红色。大多数公鸭的头部羽毛为黑色，毛发绿光，颈部羽毛为暗绿色或孔雀蓝色，翅尾有少量黑毛。胸腹多白色，少数颈有白圈。淮南麻鸭属蛋肉兼用型，成年公鸭体重约 1.55 千克；母鸭约 1.38 千克，年产蛋约 130 枚，平均蛋重为 64 克。淮南麻鸭产肉性能较好，母鸭半净膛屠宰率为 85.1%，全净膛屠宰率为 71.6%；公鸭半净膛屠宰率为 83.1%，全净膛屠宰率为 72.8%。鸭肉营养丰富，每 100 克鸭肉中含蛋白质 9.3 克、脂肪 38 克，并含有多种氨基酸、钙、磷和铁、锌、硒等人体必需的微量元素。鸭肉甘咸，微寒，有滋阴养胃、利水消肿的功能，适合有劳热骨蒸、咳嗽水肿等疾患者食用。

中国以鸭入馔，始见于周代，《礼记·内则》有"弗食舒凫翠"的记载，其后《战国策》等古籍时有记载。北魏贾思勰《齐民要术》中有"作鸭臛法""醋菹鹅鸭羹""鸭煎法"等制作鸭馔的方法。另外，捣炙、范炙、白菹等法制作的肴馔都使用鸭作为食材。后来，文献中还陆续出现了炙鸭、笼烧鸭、燺鸭、烧鸭等鸭馔。至清代《食宪鸿秘》《随园食单》《调鼎集》《清稗类钞》等古籍中均有鸭及鸭馔的记载。鸭肉丰满、细嫩、肥而不腻、皮薄香鲜。以鸭入馔，多用整只烹制，最适合烧、烤、卤、酱，也适合蒸、炖、扒、煮、煨、焖、熏、炸等烹调方法，还可以将鸭加工成小件，采用熘、爆、烹、炒等方法制作。野鸭入馔，在我国南方历史久远，《楚辞·招魂》中的"腩凫"，就是以野鸭肉烹制出的一种羹。到了清代，野鸭肴馔更加丰富，《调鼎集》就记载了 24 种野鸭菜谱，并总结出"家鸭取肥，野鸭取其香"的经验。野鸭肉有一定的腥味，烹调时用扒、烧、焖等方法为佳。野鸭整只烹制，可采取酱、焖、煮、炖、烧等办法，分件后，也可炒、爆、炸、熘、蒸、煮。

在湖北省，有"九雁十八鸭，赛不过青头和八鸭"之说。以前洪湖野鸭甚多，当地群众每逢春节家人团聚或款待亲朋好友时，都要烹制红烧野鸭，作为席上珍品。清道光年间的《汉口竹枝词》云："陆肴争及海肴鲜，鸡鸭鱼肉不论钱。冬日野凫（即野鸭）春麦啄，尚和酒客结因缘。"信阳由于河湖众多，盛产野鸭，长期以来有食用野鸭的习惯。现在，随着对野生动物保护力度的加强，野鸭入馔已成为历史。淮南麻鸭肉嫩脂多，可红烧、清炖，也可加工成板鸭、咸鸭、卤鸭。信阳菜中有许多用鸭烹制的菜肴，如"八宝葫芦鸭""清炖麻鸭""兰花地王舌""老鸭炖冬瓜""菱角炖老鸭""水晶鸭掌"等，商城板鸭是驰名中外的土特产品，咸水鸭也是信阳著名的土特产品。

固始鹅

固始鹅，即固始白鹅，属我国鹅类优良品种皖西白鹅，也是主要的食用鹅品种。鹅又称雁鹅，古称家雁、舒雁。我国劳动人民对雁进行驯化使其成为家禽——鹅，并选育出许多优良品种。鹅按用途分为肉用鹅、肉蛋兼用鹅、蛋用鹅三种；按体形分大、中、小型。固始鹅是著名的优良品种，养殖历史悠久，隋朝时已大规模养殖，现主要分布在固始县境内。固始鹅体形中等，具有生长快、肉质鲜美、易育肥、耐粗饲、便于管理和放牧、抗病力强等特点。固始鹅羽毛多为纯白色，少数附翼上有灰羽。鹅头呈方圆形，前端有圆而光滑的肉瘤，眼大而有神，眼睑淡黄色，嘴扁阔，颈细长似弓形，体躯呈长方形，爪呈白色。公鹅较母鹅更高大雄壮，行走时昂首挺胸，步态稳健，叫声洪亮；母鹅性情温驯，叫声低而粗。古人对固始鹅有很高的评价，《中州杂俎》称："固始鹅肥美几近仙馔，然出自人工调养，非天生异种也。"固始鹅生长很快，出壳重量平均 0.18 千克，30 日龄体重在 1.2—1.6 千克，50 日龄在 3.0—3.5 千克，90 日龄可达 4.5 千克，120 天即达成年体重。年产蛋 24—26 枚，平均蛋重为 145.4 克。固始鹅屠宰率也很高，公、母鹅分别为 86.59%、87.66%，全净膛屠宰率分别为 66.76%、68.35%。固始鹅还具有羽毛多、毛绒厚的特点，是较好的肉毛兼用品种。鹅肉属高蛋白、高脂肪肉类，每 100 克含蛋白质 18 克左右，脂肪 19 克左右。鹅肉含有丰富的氨基酸、钙、磷以及铁、硒等微量元素，适量的 B 族维生素、维生素 A 和维生素 C 等。鹅血中含有浓度较高的免疫球蛋白和抗癌因子等活性物质。中医学认为：鹅肉甘平、无毒，为平补之品，有益气补虚、和胃止渴的功用，对强化人体的免疫系统、辅助治疗癌症效果良好。民间有"吃鹅肉，喝鹅汤，能长寿，身体壮，气血通，保健康"之说。

中国以鹅入馔的历史悠久。《礼记·内则》篇记有"弗食舒雁翠"，即不吃鹅尾部的肉。北魏《齐民要术》中仅烤鹅就有捣炙、衔炙、范炙等多种方法。此外，还有用木耳、羊肉汁煮鹅肉块的䓝淡法，用秫米拌酱清等在角钵里蒸焖鹅肉的焦鹅法，以及醋菹鹅鸭制羹法、白菹法等。隋唐以来，《卢氏杂说》和《烧尾宴食单》等古籍中均有食用鹅的记载。至宋时，开封、杭州的"蒸鹅排""鹅签""五味杏酪鹅""鹅粉签""白炸春鹅""炙鹅"等，已为市肆挂牌的名食。元代以后，鹅馔更丰富多彩，如鹅酢、蒸鹅、杏花鹅、钱蒸鹅、豉汁鹅、烧鹅、烹鹅、酒蒸鹅、油爆鹅、熟鹅酢，以及用切得极细的熟鹅头、尾、翅、足、筋、肤制成的鹅醢等肴馔。清代《随园食单》《调鼎集》《清稗类钞》等古籍中关于食用鹅的记载也很多。鹅常以整只烹制，嫩鹅还可加工成块、条、丁、丝、末等多种形态使用，也可以采用烤、熏、卤、酱、炸、蒸、炖、煮、扒、烧、煨、焖等多种烹调方法，适应于咸鲜、咸甜、酱香、烟香、五香、甜香、腊香、葱油、姜汁、红油、咖喱、芥末、蚝油、麻辣、椒麻等多种味型。过去，信阳食用鹅主要采用腊和卤两种烹调方法，很少鲜食，且主要集中在固始；现在，腊和卤已让位于鲜食，且食用地域迅速扩大。信阳菜中用鹅烹制的菜肴，著名的有固始"汗鹅块"和"野竹笋炖老鹅掌""红油焖仔鹅""鹅血烩豆腐""清炖汗鹅块""蒸风鹅块""烧鹅""卤鹅""酱鹅""炖腊鹅"等。

此外，鹌鹑、鸽子等也是信阳菜中常用的禽类食材。

信阳松花蛋

松花蛋，也称皮蛋、变蛋、彩蛋，是鲜鸭蛋在纯碱和生石灰或烧碱作用下形成的蛋制品。蛋白为半透明凝胶体，并出现大量排列成松枝状的晶体簇，松花蛋因此而得名。信阳松花蛋已有 400 多年的生产历史，尤以潢川所产最为有名，是名贵土特产品，也是重要的出口物资之一。信阳各地河网交错，水库星罗棋布，淮河贯穿其境，自古就是养鸭产蛋的宝地。这里的鸡蛋、鸭蛋、鹅蛋，蛋质好、个儿大、产量大，因而是皮蛋生产、出口的主要基地。

信阳松花蛋的特点是：蛋清透明，蛋黄呈金色，外硬内软（亦称溏心），清新爽口，滋味醇香，携带方便。可冷食、糖拌，也可醋烹。松花蛋有明目、平肝、清热解毒、健脾助消化之功能。高血压患者，常食松花蛋可降低血压。松花蛋，既是营养丰富、人皆喜食的方便菜，更是下酒的冷盘佳肴。

光山麻鸭蛋

光山麻鸭是一种体形中等、产蛋较多、适应性强、觅食及抗病能力强的蛋肉兼用型地方鸭种。麻鸭多觅食鱼、虾、田螺等动物性饵料，因此所产麻鸭蛋蛋黄油脂充盈，营养丰富。鸭蛋腌制后鸭蛋黄呈橘红色，特别是光山县罗陈乡、北向店乡麻鸭蛋，采用红泥土腌制，口味纯正，蛋黄红而流油，特别好吃。2020 年，光山咸鸭蛋入选第三批全国名特优新农产品名录，进一步提升了其品牌知名度和市场竞争力。

五香茶叶蛋

五香茶叶蛋是信阳等地流行最早、最广的早点、下酒菜及传统茶点，其原料与制作方法如下：

原料：鸡蛋 5 千克，五香粉 10 小包，绿茶 50 克，酱油 500 克，食盐 500 克，桂皮、花椒适量。

制作方法：（1）先把鸡蛋用清水煮熟，将蛋取出放在冷水中冰一下，再把蛋壳轻轻地打破；（2）把其他所有配料加适量水煮沸后再煮 20 分钟，其中绿茶、桂皮、花椒需用纱布袋装好并扎紧；（3）将敲碎蛋壳的熟鸡蛋放到煮好的配料的锅中，再煮 20 分钟即可。

三、水产类食材

信阳水产业发达，淡水养殖历史悠久，是河南省淡水资源最丰富的省辖市。据统计，信阳有各种鱼类 81 种，明朝万历年间就开始大规模养殖鱼，所产的鱼销往湖北、安徽、河南的 20 多个县。信阳所产的鱼，以草鱼、青鱼、鲢鱼、鳙鱼等为主，以乌鳢、黄鳝等为辅，鲤鱼、鲫鱼、鳗鱼、银鱼等和鳖、虾、蟹不仅分布广泛，而且产量大。信阳菜中，鳙鱼、鲫鱼、黄鳝和鳖、虾是用得最多的水产食材。

信阳水产品主要有鱼、虾、鳖、鳝等，其营养特点是蛋白质含量适中、脂肪含量高、维生素丰富。鱼肉肌纤维细短，间质蛋白少，组织软而细嫩，较畜禽肉更易消化，其营养价值与畜禽肉近似，所含蛋白质属于完全蛋白质。鱼鳞、软骨中的结缔组织主要是胶原蛋白，是导致鱼汤冷却后形成凝胶的主要物质。鱼类脂肪多由不饱和脂肪酸组成（占 70%—80%），熔点低，常温下为液态，消化吸收率达 95%。

鲫　鱼

鲫鱼古称鲋鱼。鲫鱼无须，体侧扁，稍高，背部青褐色，腹面银白色。背鳍和臀鳍有硬刺，最后一根刺的后缘有锯齿。鲫鱼是杂食性鱼类，肉味鲜美，营养丰富，我国各地淡水水域都出产，是我国重要的食用鱼类之一。中国人自古食用鲫鱼，《礼记》《楚辞》及北魏贾思勰撰《齐民要术》、唐人杨晔撰《膳夫经手录》等历代文献资料均有记载。元代以后，鲫鱼烹法日趋精细，且大都流传至今。如明初刘基所撰《多能鄙事》中所载的"酥骨鱼"，清代《调鼎集》中所载的"荷包鱼""熏鲫鱼"等。鲫鱼食法较多，其中做汤最能体现其鲜美滋味，也可烧、煮、蒸等，配以不同辅料，制成各种菜肴，如江苏的"白汤鲫鱼"配春笋、香菇、火腿，山东的"奶汤鲫鱼"配蒲菜，上海的"萝卜丝鲫鱼"配萝卜丝，等等。信阳盛产鲫鱼，食用鲫鱼的历史悠久。"烧鲋鱼"因寓意"夫妇相依"，在清朝时就是信阳百姓婚宴上必上的菜。信阳人食用鲫鱼，主要是清炖和红烧，小鲫鱼则干炸。传统生活中，常用鲫鱼来招待尊贵客人。哺乳期妇女如奶水不足，还可食用"清炖鲫鱼汤"以增加乳汁。"奶白鲫鱼""红烧鲫鱼""焦炸鲫鱼""蒸鲫鱼"是信阳最常见的鲫鱼菜品。信阳尽管盛产鲫鱼，但由于生长环境不同，信阳各地产的鲫鱼制成菜品后，味道和口感有明显不同。信阳南湾水库产的鲫鱼无论是清炖还是红烧，味道和口感都广受食客称赞。

信阳鳜鱼

鳜鱼又名鳜花鱼、桂花鱼、季花鱼等。信阳各地均有生产，主要产在潢川县、信阳两区、罗山县等地，其中以潢川产的鳜鱼最有名，是河南名产之一。鳜鱼在信阳被称为桂花鱼。信阳还有一种叫黑斑鳜的鳜鱼，主要产在浉河、鲇鱼山水库和光山、商城等地。

鳜鱼体色淡黄带褐，有不规则的黑斑，口大鳞细，脊鳍有棘甚硬，体侧扁，背部隆起，体长可达 60 厘米，下颌突出，长相凶恶，常栖息在水质较清、底质较软、水草丰茂的水域。其以鱼虾为食，性凶猛，能吞食体形和自己相近的鱼类。成鱼体重一般为 0.25—1 千克。

鳜鱼肉多刺少，肉质洁白细嫩，高蛋白、低脂肪，既是筵席珍肴，又是滋补佳品，营养价值极高，每 100 克鳜鱼肉中含蛋白质 18.5 克、脂肪 3.5 克、钙 79 毫克、磷 143 毫克、铁 0.7 毫克、维生素 B_1 0.01 毫克、维生素 B_2 0.1 毫克、烟酸 1.9 毫克。鳜鱼不仅是营养价值高的食物，而且还具有药用价值:《食疗本草》中说鳜鱼可"补劳虚，益脾胃";《开宝本草》中说它"主祛腹内恶血，益气力，令人肥健，去腹内小虫";《随息居饮食谱》说它有"养血、补虚劳、杀劳虫、消恶血、运饮食"的功效。由此可见鳜鱼是营养滋补佳品。

鳜鱼鲜活品最宜清蒸，醋熘亦佳，还可以烧、炸、烤等。信阳菜中的鳜鱼主要是清蒸和红烧，黑斑鳜由于个体小，主要是红烧。信阳菜中用鳜鱼烹制的最著名的菜有"叉烤鳜鱼""清蒸鳜鱼""酿烧鳜鱼""藿香煨鳜鱼"等。

草鱼和青鱼

草鱼又名鲩、草青、草鲩、混子。体粗壮，呈亚圆筒形，尾部侧偏，背部青灰色，腹部灰白色，胸鳍和腹鳍略带灰色。一般喜欢生活在水体中下层，性情活泼，行动迅速，主要吃水草。青鱼又名黑鲩、青鲩、螺蛳青，体近圆筒状，头阔而稍平，吻端稍尖，口端位呈弧形，背部和鳍青黑色，腹部灰白色，多栖息于水体的中下层，以底栖动物为食，主要食物为螺蛳、蚬、幼蚌等，也食少量水生昆虫和虾。同草鱼相比，青鱼不仅生长快，个体大，而且肉味鲜美，蛋白质约占 19.5%，脂肪约占 5.2%，营养价值高于草鱼。

草鱼和青鱼属于信阳"四大家鱼"，野生的草鱼和青鱼也很多。草鱼肉质细嫩，烹制多采取清蒸、滑炒、熘等方法，也可以红烧、油焖、煎炸、烟熏。信阳烹制草鱼和青鱼多用蒸和烩的方法，如"清蒸草鱼""熘鱼片""烧个鱼""烩鱼块"等。

鲤 鱼

鲤鱼，体延长，稍侧扁。口下位，须两对。背鳍和臀鳍有硬刺，最后一根刺的后缘有锯齿。臀鳍与尾鳍下叶橙红色。鲤鱼是杂食性鱼类，常栖息于水底层。我国除西部高原外，各地淡水水域都产。鲤鱼生长迅速，生命力强，耐高温和污水，最大可长到 1 米左右，是我国一种重要的食用鱼类。中国早在公元前 11 世纪的殷末周初就已开始养鲤鱼。以鲤鱼入馔则始见于《诗经》，此后历代文献均有反映。唐代视鲤鱼尾为"八珍"之一。宋代《图经本草》将鲤鱼列为"食品上味"。元代《居家必用事类全集》已载有用鲤鱼皮、鳞熬制"水晶脍"的方法。

清代《调鼎集》上列有鲤鱼菜 20 多种，分别用鲤白、鲤肠、鲤腴、鲤唇、鲤尾、鲤脑、鲤子等成菜，并有多种烹制方法。鲤鱼肉质肥厚、坚实、鲜美，适宜整条或切块鲜烹。鲤鱼略有土腥味，食用前可在水池中饲养一两天，使之吐尽腹内泥污。如果在水池中放几滴芝麻油，效果更理想。鲤鱼加工需将残余血液洗净，并注意抽去其脊骨两侧的两根筋。新鲜鲤鱼可用于白烧、清蒸、软熘、煮汤。肉质较粗、土腥味较大的鲤鱼，则多用于红烧、干烧等，还可制成熏鱼、糟鱼、咸鱼、风鱼等，风味亦佳。在信阳，民间认为鲤鱼是"发物"，又略带酸味，口感也不太好，因此，鲤鱼在信阳不太受欢迎，信阳菜用鲤鱼烹制的菜肴不多。在民间，鲤鱼也主要在特定场合如婚宴上才烹制。信阳人烹制鲤鱼多采用红烧的方法，如"红烧鲤鱼""糖醋鲤鱼""果味鲤鱼卷"等。

鳙鱼和鲢鱼

鳙鱼，也称花鲢、胖头鱼，特征是体延长，侧扁，背面暗黑色，有不规则小黑斑。头大。眼小，侧下位。口宽，前位。腹面从腹鳍至肛门都是肉棱，胸鳍末端延伸到腹鳍基底。鳙鱼栖息在水的中上层，用细密的鳃滤食浮游生物，性情和缓。鲢鱼，也称鲢子、白鲢。体延长侧扁。口宽，前位。眼小，侧下位。腹鳍前后均有肉棱，胸鳍末端延伸到腹鳍基底。鲢鱼栖息在水的中上层，用海绵状的鳃滤食浮游生物。性活泼、善跳跃。鳙鱼和鲢鱼属于信阳"四大家鱼"。信阳养殖的鳙鱼和鲢鱼以南湾水库所产为最好。鳙鱼和鲢鱼生长快，个体大，最大可长到 1 米多长、重达 45 千克，但如果用作食材，以 4 到 5 月龄、体重在 4 千克左右的为最佳。信阳菜中用鳙鱼和鲢鱼烹制的菜肴很多，最著名的是"扒鱼头"和"清炖南湾鱼"，其他还有"鱼头炖豆腐""焖鱼块”“清汤鱼丸”等。

信阳南湾鱼

南湾鱼为南湾水库所产。南湾水库坐落在信阳市区西南7公里处，是一座以防洪为主，兼顾灌溉、发电、养殖、城市供水、旅游等的功能齐全的大型水利工程。水库南北长50公里，东西宽20公里，水域面积81平方公里。水库地处桐柏山麓、浉河中游，两岸山峦起伏、沟塘纵横，库中有姿态各异的岛屿和曲曲折折的汊湾，山上林木葱郁，湖中碧波荡漾。水质优良、无污染，水库深处达28米，浅处不足2米，适合多种鱼类繁殖生长。南湾水库水质良好，孕育了品质优良的南湾鱼。南湾鱼以其野生、天然无污染、绿色且健康，享誉大江南北。南湾鱼的主要品种有花鲢、白鲢、白鱼、青鱼、草鱼、鲤鱼、鲫鱼、鳊鱼、鲂鱼、鳜鱼、鲇鱼、银鱼、黄颡鱼、乌鱼、黄鳝等。

自1998年以来，南湾水管局积极投入南湾鱼品牌的打造及市场的运作，系列南湾鱼地方标准的制定和发布、南湾水产站ISO9001-2000质量管理体系认证的通过，标志着南湾水库渔业已迈上国际化、标准化、产业化之路。2004年2月，南湾水库被河南省农业厅认定为“河南省无公害水产品生产基地”。与此同时，南湾湖鲢鱼、南湾湖鳊鱼、南湾湖虾“豫南湾”牌取得原产地标记认证注册。

用南湾鱼烹制的菜肴，肉质细嫩、味道鲜美、营养丰富。为了使更多的人能享用南湾鱼这一美味，南湾水管局还组建了南湾鱼专卖店，以现代管理手段和营销模式，把真正天然野生的南湾鱼提供给省内外消费者，从此彻底改变了广大消费者吃鱼容易、吃南湾鱼难的局面。

中华鳖

鳖，也叫甲鱼、水鱼、团鱼、元鱼等。鳖的种类很多，信阳所产的鳖均为中华鳖，以潢川、固始等地所产为代表。

中华鳖体躯扁平，呈椭圆形，背腹甲上有柔软的外膜，通体覆以柔软的革质皮肤，体表无角板。头部粗大，前端略呈三角形。眼小，位于鼻孔后方两侧。颈部粗长，呈圆筒状，伸缩自如。体背通常橄榄色，边缘有厚实的裙边；腹面乳白色。指、趾间有发达的蹼，内侧三指，趾具爪。

中国以鳖入馔，历史久远。《礼记·内则》中有"不食雏鳖"和"鳖去丑"的记载，《楚辞·招魂》中载有"腼鳖"，《盐铁论·散不足》中有"鸟兽鱼鳖，不中杀不食"的记载。嗣后，北魏有"鳖雁法"，唐代的"遍地锦装鳖"、元朝的"团鱼羹"皆为珍馐。清代以后，用鳖烹制的肴馔增多，《随园食单》《调鼎集》均有食鳖记载。用鳖制菜，首在鲜活，次为刮洗，自死者和不净者不可食。宰鳖一要收集余血，二要用70—80℃的热水浸泡，三须完整取下头、甲，四须刮净体表黑膜，五不可弄破胆囊和膀胱。这样不但防止了细菌的传播，避免了肉味的腥苦，还能做到变废为宝、综合利用。以鳖制馔，雌鳖胜过雄鳖，大小适中为佳。鳖过小，叫作雏鳖，骨多肉少，肉虽嫩但香味不足；鳖过大，肉质老硬，滋味不佳。鳖最宜清炖、清蒸、扒烧和卤制，原汁原味，鲜香四溢，最能体现其肥美甘鲜之特色，也可烩、煮、炒、焖。因鳖腥味较重，宜热食不宜冷食。我国用鳖烹制的名菜有：浙菜"凤爪甲鱼"、赣菜"金丝甲鱼"、西安的"遍地锦装鳖"、川菜"红烧甲鱼"、吉林的"砂锅人参元鱼"、天津的"元鱼酒锅"、福建的"杏圆凤爪鱼肚炖水鱼"、上海的"冰糖甲鱼"、湖北的"黄焖甲鱼"和潢川的"卤马蹄鳖"等。甲鱼虽然滋味鲜美，营养丰富，但味鲜而不浓，缺少脂肪，骨多肉少，腥味重而难除，不为人们所喜欢。因此，必须除净异味，才能显露出本味、突出风味。烹饪时宜选用纯正鲜美的母鸡汤补其不足，来提高鲜香味，排除异味；同时，还能增加菜肴的营养成分，使其发挥更大的食疗、食补作用。信阳菜中有许多用鳖烹制的菜肴，主要采取炖、烧、卤的方法，烹制的名菜有"卤马蹄鳖""霸王别姬""清炖甲鱼""琵琶扣裙边""红焖甲鱼""卤老鳖"等，以潢川县的最具代表性。

信阳黄鳝

黄鳝又称鳝鱼，是我国特有的一种经济型鱼类。黄鳝体呈蛇形，前段圆筒状，尾端尖细而侧扁；体表黏滑无鳞，无胸鳍、腹鳍和尾鳍；背侧呈黄棕色，全身布满不规则的棕色斑点，腹部橙黄色，并有灰黄色条纹；多栖息在河流、湖泊、池塘、沟渠和稻田泥土中。黄鳝是肉食性鱼类，天然生长的黄鳝多在夜间觅食，以水中的昆虫、蚯蚓为主要食物，也吞食蝌蚪和小鱼小虾。黄鳝肉质细嫩，骨刺少，味鲜美，营养十分丰富，特别是小暑以后的肥腴黄鳝。黄鳝除可作为美味佳肴外，药用价值也很大。《本草纲目》载："黄鳝性味甘温，无毒，入肝脾胃三经，能补虚劳，强筋骨，祛风湿。"信阳河渠纵横，库、塘、堰密布，水域广阔，稻田面积大，有利于黄鳝的生长繁殖，常年黄鳝产量可达80万千克。过去，信阳所产黄鳝都是从天然水域中捕捞，现在多为人工饲养。黄鳝烹制前一般有三种加工方法：一是活杀，即先将鳝鱼用力掼晕，然后用刀剖腹，去内脏，剔其脊骨；二是先将白酒一勺倒入装鳝鱼的容器中，迅速盖上，盖数分钟，待其醉后再剖腹剔骨；三是烫熟剔骨，较常见的是将鳝鱼倒入沸水锅中，加盖浸焐，待鳝鱼蜷缩后，将其捞出置于清水中，然后用刀划去鳝骨，取肉供用。黄鳝剖腹去内脏后，即可烧、焖成菜肴。除骨后的生黄鳝肉适宜爆、熘；熟黄鳝肉适合炒、炝、炸等。各地都有用黄鳝制作的名菜，如苏菜的"大烧马鞍桥""炒软兜长鱼""炖生敲""梁溪雕鳝"，上海的"清炒鳝糊"，浙菜"五色鳝丝"，粤菜"焖酿鳝卷"，楚菜"皮条鳝鱼"，等等。信阳人喜食黄鳝，多用爆、烧、炖等方法烹制。信阳菜中有许多用黄鳝烹制的菜肴，最有名的是"软兜鳝鱼"，其他如"剖卷酥鳝""爆炒鳝丝""烧鳝鱼片""腊肉炖黄鳝""烧鳝段"等。

信阳毛蟹

信阳毛蟹的学名叫溪蟹，因主要生长在山溪河流中得名，毛蟹是信阳百姓对溪蟹的俗称。中国食蟹历史悠久，《逸周书·王会解》《周礼·天官·庖人》均有记载。嗣后，北魏贾思勰《齐民要术》中收有"蟹藏法"。南北朝时已有糖蟹的吃法。隋唐时糟蟹、蜜蟹、醉蟹已是贡品。宋代已有蟹黄包子，陆游的"鲁馔牢丸美，鱼煮脍残香"说的就是蟹黄包子。同时还有炝蟹、炒蟹、蟹羹等。北宋末年出现了《蟹谱》等专著。元人爱食煮蟹。明末清初讲究食蒸蟹，并相沿至今。海蟹盛产于每年4—10月，淡水蟹盛产于每年10—11月，有"九月团脐十月尖"之说。蟹肉鲜美无比，历来被视为佳品。蟹可炸、熘、煎、炒、炖、焖、扒、烧、蒸、烩、烤、拌、腌、醉、糟等。用蟹制作的菜肴有"芙蓉蟹片""炸蟹丸""炒蟹粉""炒虾蟹""蟹肉炒鲜奶"等；还可用蟹肉配制高档菜肴，如"清蒸黄油蟹""蟹粉狮子头""蟹黄烧豆腐""蟹粉烩鱼唇""蟹黄排翅"等；

家常菜有"炒毛蟹""面拖蟹"等。最能显示蟹的特点的食法是原只清蒸。蒸蟹前应充分清洗，并捆牢螯足，脐向下排放笼中，旺火沸水速蒸至透，自剥自食，最宜下酒。食时需去除蟹的肠、胃、鳃和脐部，并以姜、醋暖胃祛寒，杀菌消毒。信阳人吃毛蟹主要是使用干炸和红焖法，一般不将其作为席面上的菜，大多作为街边小吃摊上的下酒菜。

青　虾

　　青虾学名叫日本沼虾，俗名叫青虾、河虾、大头虾，因体色青蓝并有棕绿色斑纹得名。光山青虾是著名的地理标志产品。

　　青虾体形粗短，分头胸部和腹部两部分。头胸部较粗大，往后渐次细小，腹部后半部分显得更为狭小。青虾的体色常随栖息环境而变化。湖河水清，透明度大，虾体色淡，呈半透明；池沼水静且浑浊，虾体色深。如将湖河中的青虾移入池塘中，不久青虾体色即由淡变深。青虾全身由20个体节组成，头部5节，胸部8节（头胸部体节已合在一起），腹部7节。除腹部第7节外，每个体节各有附肢1对，头部附肢分化为第1、第2触角（第2触角的鳞片长约为其宽的3倍）；有大颚和第1、第2小颚；胸部附肢分化为第1—3对颚足和5对步足，颚足为双叉肢型，步足为单肢型，第1、第2步足为螯状，第1对比第2对细小，成体雄虾的第2螯足约为其体长的1.5—2倍，雌体的第2步足为其体长的1倍左右，其余3对步足都为单爪型。腹部附肢均为双肢型的泳游足，第6腹节的附肢特别强大宽阔，向后延伸和尾节组成尾扇，能控制青虾在水中的平衡和升降以及发挥向后缩退的作用。青虾终生生活在湖泊、水库、池塘、江河、沟渠等淡水水体中。

　　青虾高蛋白低脂肪，既可鲜食，又可加工成虾米、虾酱、虾仁，味道鲜美，营养丰富。

青虾在信阳所有县区都有出产，其中以光山、潢川所产最多。淮滨有句民谚称："黄豆扬花，地墒沟里摸虾。"由此可见，虾在信阳十分常见，很容易捕获。善用虾烹制菜肴是信阳菜的一大特色。信阳菜中有许多用虾烹制的名菜，如"水晶虾""凤尾虾"等。"炒河虾""韭菜炒河虾""黄葱炒河虾""焦炸虾托""糖醋焖虾"等，既是信阳风味菜，也是百姓经常食用的菜肴。

光山青虾

豫南青虾，又称光山青虾。光山青虾于 2004 年 9 月获得国家质检总局原产地认证，河南省水产局把光山青虾作为三大地方名牌水产品之一向全省推广。

光山青虾，皮薄肉脆，营养丰富，且生活环境无工业污染，为虾族的一枝新秀，在 2001 年中国国际农业博览会上被评为名牌产品。光山青虾是光山特有的绿色食品，主要是指生长于光山龙山水库的青虾。青虾养殖基地从 1995 年即可以进行原种生产和种苗推广，目前已发展至 300 多公顷，年产量 25 万千克，产品远销江、浙等南方市场。目前用光山青虾烹制的菜品主要有"水煮青虾""生食青虾""炒虾仁"等。

泥　鳅

泥鳅，体延长，亚圆筒形，长 10 余厘米；黄褐色，有不规则黑色斑点；口小，下位，有 5 对胡须；尾鳍圆形，栖息在泥底，是我国常见的小型食用鱼类。泥鳅素有土人参之称，具有补中益气，祛湿除邪，辅助治疗消渴、阳痿、痔疾、疥癣等功效。近年研究发现，泥鳅对于治疗急慢性肝炎等有特殊疗效。信阳河渠纵横，塘堰密布，水域面积大，有利于泥鳅的生长繁殖。过去，信阳所产泥鳅都是从天然水域中捕捞，现在多为人工饲养。信阳人喜食泥鳅，"泥鳅焖大蒜"在民国时就成为信阳名菜，现在，用泥鳅烹制的菜肴很多，如"红油泥鳅""炸泥鳅""煎烧泥鳅""干煸泥鳅"等。

乌鳢

乌鳢又名乌鱼、黑鱼、火头、财鱼。其体前部呈圆筒状，后部侧扁；头部长而扁平，且覆盖有鳞片；口大，口腔内长有尖锐的牙齿；体被圆鳞，背臀鳍均长，直达尾鳍基部，尾鳍呈圆形；全身灰黑色，体侧有很多不规则的黑色斑条或斑块。乌鳢性情凶猛，是典型的食肉性鱼类，通常栖息在水草茂盛的静水水域。乌鳢生长迅速，一般一冬龄性成熟，体长19—40厘米，重95—760克，最大的个体可达5千克。乌鳢刺少味美，肉质洁白。在南方，人们认为乌鳢有祛瘀生新和滋补调养的作用，是经济和食用价值很高的鱼类。信阳各水域都有乌鳢分布，近年野生乌鳢产量减少，人工饲养的增多。信阳菜中用乌鳢烹制的菜肴不多，烹制方法主要是烧烤、清煮，如"烧烤财鱼""水煮乌鱼片""滑炒乌鱼片"等。

鲇鱼

鲇鱼，体延长，前部平扁，后部侧扁，最大可长到1米以上。鲇鱼全身呈灰黑色，有不规则暗色斑块；口宽大，有胡须两对；眼小，背鳍1个，很小；臀鳍长，与尾鳍相连；胸鳍有硬刺；无鳞，皮肤富有黏液腺。鲇鱼常栖息在水体中下层，以小鱼和无脊椎动物为食。鲇鱼肉既鲜美又细嫩，是非常好的食用鱼类。信阳民间有"鲫鱼汤、鲇鱼肉，逮住火头吃个够"的说法，足见信阳百姓对鲇鱼的认可。信阳百姓烹制鲇鱼主要采用烧、滑的方法，其中"滑鲇鱼片"和"炖鲇鱼汤"最能体现出鲇鱼的鲜美。

随着夜市和烧烤的兴起，鲇鱼成为重要的美味食材。

黄颡鱼

黄颡鱼，体延长，前部平扁，后部侧扁，长约 10 厘米；青黄色，大多有不规则褐色斑纹；口宽，下位，有 4 对胡须；背鳍、胸鳍有硬刺，后缘有锯齿；活动时能发出"咯咯"的声响；尾鳍分叉，无鳞。黄颡鱼生活在水体底层，食性广，肉质细嫩，且无小刺，营养丰富，有较高的食用价值和药用价值。信阳盛产黄颡鱼，在水面比较大的水库和湖泊中，黄颡鱼能长到长 20 厘米左右。信阳人把黄颡鱼称作咯呀、锥牯子、小黄鱼。过去，由于黄颡鱼个体比较大，信阳吃黄颡鱼主要是烧，现在由于其个体比较小，主要用滑的方法做汤。"煎烧黄鱼""小黄鱼汤"是最常见的菜肴。

团头鲂和三角鲂

团头鲂，因原产于湖北梁子湖，也称武昌鱼、团头鳊。团头鲂体高、侧扁，呈菱形，腹面后部有肉棱；头小，口宽，上、下颌无角质突起；银灰色，鳞片基部灰黑色，边缘较淡。团头鲂是草食性鱼类，常栖息于水体下层，肉味美，脂肪丰富，可长到约 40 厘米，重约 3 千克，是上等食用鱼类。三角鲂也称平胸鳊、三角鳊，体侧扁，背部隆起，腹面后部有肉棱，银灰色。三角鲂是草食性鱼类，肉味鲜美，常栖息于水体中下层，可长到约 50 厘米，是淡水经济鱼类之一。信阳百姓似乎搞不清楚什么是团头鲂，什么是三角鲂，把鳊鱼统统叫作锅边。团头鲂和三角鲂在信阳既有野生的，也有饲养的，但就其味道而言，饲养的不如野生的。信阳烹制团头鲂和三角鲂主要采用红烧和清蒸的方法，"红烧锅边""清蒸锅边"是最常见的菜肴。

鲌　鱼

鲌鱼，体侧扁，口大，嘴上翘，腹面全部或后部有肉棱；背鳍有硬刺，臀鳍延长，栖息在淡水中上层，以鱼、虾及水生昆虫等为食。鲌鱼在我国分布很广，各地江河、湖泊都产。鲌鱼肉质细嫩，产量较高，可长到 5 千克左右，是我国重要的淡水经济鱼类之一。常见的有短尾鲌、蒙古红鲌和翘嘴红鲌。

信阳盛产鲌鱼，其种类繁多，有翘嘴红鲌、青梢红鲌、蒙古红鲌、红鳍鲌、尖头鲌等。信阳人把嘴上翘的鲌鱼称作翘腰、翘嘴白、腰子，把嘴尖的称作红梢。鲌鱼肉质细嫩、鲜美,是信阳百姓最爱吃的鱼之一。但由于鲌鱼的刺比较多，吃起来很不方便，因此，宾馆、饭店很少烹制。鲌鱼适合采用蒸、烧、煎、炸等烹调方法烹制，"清蒸鲌鱼""红烧鲌鱼""煎烧翘腰"是最有代表性的菜肴。

信阳小龙虾

小龙虾，别称克氏原螯虾、红螯虾、淡水小龙虾，是螯虾科原螯虾属动物，甲壳坚硬，成体长 5.6—11.9 厘米，暗红色，螯狭长，幼虾体为均匀灰色。小龙虾的主要器官都长在头部，包括脑、心脏、肝脏等。摄食范围包括水草、藻类、水生昆虫、动物尸体等，食物匮缺时亦自相残杀。它是淡水经济虾类，是中国重要的经济水产养殖品种，也是餐饮市场上的新秀。

近 20 年来，信阳的很多年轻人爱上了小龙虾，尤其是在夜市大排档，小龙虾撑起了半壁江山，这就促成了当地小龙虾餐饮的火爆。开始，原料多是从外地采购，后来竟然直接带动了信阳本地小龙虾养殖。罗山县、光山县、潢川县等地均发展起了规模性的小龙虾养殖产业，这一产业成为拉动当地经济发展的重要引擎。

信阳小龙虾横空出世，全市城乡几乎到处都有秘制烧烤小龙虾。信阳市区小南门附近有一家"曾记秘制龙虾烧烤"排档，食客遍布信阳 8 县 2 区，不仅本地菜做得好吃，麻辣小龙虾更是一绝。

近年来，信阳市委、市政府将小龙虾产业作为乡村振兴的特色主导产业，带动信阳各地农民开展虾稻共作绿色生态养殖。"一水两用、一田双收、粮虾双赢、生态高效"的养殖方式让信阳小龙虾不仅肉质鲜美，而且营养丰富。目前，全市稻虾综合种养面积近 95.5 万亩，小龙虾年产量近 10 万吨，信阳鲜活小龙虾占据了郑州 90% 的市场和西北及华北市场一半以上份额，国内小龙虾养殖已经形成了"东有盱眙、南有潜江、北有信阳"的三足鼎立局面。

淮　仙

淮仙即河蚬，又名剑蚶。淮仙产于信阳沿淮一带，属双壳纲珠蚌科软体动物，是一种生长在河底泥沙中的异形蚌，长 12—20 厘米，一头尖削、一头扁圆，壳极薄，色泽金黄，形似短剑。蚶肉呈黄白色，质地细嫩，以之做羹汤，味鲜美而清甜。用河蚶可以制作许多菜肴，如"腊肉炖河仙""红烧河仙""汤汆河仙""清炖河仙"等。淮河河蚌生长在淮滨至固始往流一段。在河底有许多河蚌藏身的小洞穴，直上直下，洞口朝天。冬末春初捕捞，用丈许竹竿绑半尺左右的直铁条，插进河底洞里，河蚌就会夹紧两壳。提起竹竿，便能将其钓出。

每100克河蚌肉中约含蛋白质6.8克、脂肪0.6克。钙、磷及维生素A含量极为丰富，每100克河蚌肉含钙306毫克、磷319毫克、维生素A 202毫克。蚌肉的含钙量因部位不同而不同，鳃板中含钙量最多，是蚌的储钙场所，用于形成蚌壳。蚌肉味甘咸，性寒无毒，具有清热滋阴、明目解毒的功效，对胆囊炎、胆石症、泌尿系统感染、急性肝炎、肾炎等有食疗作用。河蚌适合炒、烧、炖、煮等，还可煮汤。

每年冬末春初，淮仙开始上市，直到春分下市，最佳食用时间不足两个月。错过这个时间，河蚌肉会老硬硌牙，再无鲜味可言。河蚌清洗干净后，可以炖腊肉，也可以做汤，味道鲜美，食之有飘飘欲仙之感，是淮河上中游之交居民待客的上等美味。

罗山石山湖鱼

石山湖鱼，又称石山口鱼，是罗山石山口水库特产。野生、天然无污染、健康绿色的特点，使石山口鱼享誉大江南北。石山湖位于罗山的中部，是具有灌溉、防洪、发电、养鱼、旅游等多种功能的国家大型水库，其控制流域面积306平方公里，最大库容3.717亿立方米。

石山湖水属一类水质，最大养殖水面4.66万亩，可养殖水面3.3万亩。石山湖鱼品质上乘。每年鲜鱼产量350吨左右，银鱼年产量10吨左右，并出口到日本，名气较大的有石山湖"四白"：一白——鲌鱼，味美，肉嫩；二白——银鱼（白色），味鲜，营养价值高；三白——

白莲藕，清白，脆嫩；四白——鱼汤白，呈奶白色，味道鲜美。

四、毛尖瓜果蔬菜类食材

信阳由于拥有优越的自然条件和地理环境，蔬菜品种丰富。据统计，信阳有大约 16 类近 70 个蔬菜品种，其中白莲藕、黄心菜、青皮萝卜、丝瓜和蕹菜（空心菜）产量最高。茭白（水黄瓜）、荸荠、金针菜（黄花菜）的产量也很大。经过几千年的培育，到清朝末年，信阳已有众多蔬菜品种，这些蔬菜一直是信阳菜的主要蔬菜来源，直到蔬菜大棚种植技术的广泛采用和反季节蔬菜成为主要食材来源。近年来，吃素成为我国都市人的一种时尚，传统素食业在素食风潮推动下，已发生了很大的变化。过去餐桌上的素食，多局限于面筋和豆制品做成的"象形菜"，如素肉、素鸡、素鸭、素鱼等，单调得令许多人不愿问津。而现在的素菜多采用蔬菜、菌菇作食材，且味道香浓，符合大众口味，素食更为可口，使追求健康的人们更乐于接受。

信阳毛尖

毛尖，芽叶细嫩完整，茶条较紧细，有尖、有茸毛，亦称贡针或白毫，是茶叶的一种，如信阳毛尖。

信阳毛尖为我国十大名茶之一，以其"细圆、光直、多白毫、香高、味浓、汤色绿"的特点备受世人青睐。信阳毛尖自唐代起就被选为贡品。宋代著名文学家苏东坡评价信阳毛尖说："淮南茶，信阳第一。"

茶为山茶科常绿灌木，毛尖即由茶叶嫩尖加工而成，一般在清明至谷雨前后采制。信阳毛尖，外形美观，茶条紧细，色泽碧绿，圆直匀整，白毫显露，其汤色深绿，清而不混，香气醇正，后味甘甜，叶底绿嫩，冲泡三四次尚有较浓的熟栗香；含有丰富的蛋白质、氨基酸、生物碱、茶多酚、糖类、有机酸、芳香物质、维生素 A、B 族维生素以及水溶性矿物质。信阳毛尖不仅营养成分含量较高，而且有清心明目、散热解渴、去烦提神、助消化、解毒利尿等功用。

信阳毛尖素以原料细嫩、制工精巧、茶汤色绿香浓、味甘形美而闻名中外。1915 年，信阳毛尖被选送参加巴拿马万国博览会，获得金质奖章。1958 年和 1982 年，在全国名茶评比会上，信阳毛尖两次被评为全国名茶之一。1985 年，信阳毛尖被国家授予优质食品银质奖。信阳毛尖，不仅国内驰名，而且远销北美、西欧、东南亚等地。信阳毛尖于 2003 年顺利通过国家市场监督管理总局原产地标志专家组的审核。

信阳毛尖知名品牌有：五云山茶、龙潭毛尖、鸡公山云雾茶、文新有机茶、灵山剑峰茶、白云寺茶、金刚碧绿茶、苏仙迎春茶、新林玉露茶等。

茶叶从药品、药食同源到成为专门的饮品，经历了数千年的发展演变。信阳是全国重要的绿茶产区，毛尖也是茶区居民重要的烹饪原料，用于制作凉菜、热菜以及茶点、茶酒水，其在食品、饮品中的用途越来越广泛。

光州贡枣

光州贡枣是潢川的风味特产之一。它含糖量高、营养丰富，具有润肺化痰、清热生津的功效，既可以直接食用，也可用作甜汤食材和高级糕点的配料，为滋补佳品；曾以色泽美观、清香甘甜被列为贡品，跻身于清廷佳肴之林。

光州贡枣用粒大饱满、皮薄肉厚、表面光亮的上乘大枣作主料，是将大枣淘洗、晾干、划丝后，按比例熬煮，再经捏按、烘焙后制成的。枣体珠光莹亮，色如琥珀，又称琥珀寿枣。制作工艺目前正逐渐从人工向机械化生产转变，生产规模扩大。光州贡枣是信阳传统知名点心。

信阳板栗

信阳位于我国南北地理分界线上，优越的自然条件使信阳适合多种动植物生长繁育，农副土特产品种类多、产量大，其中尤以信阳板栗的历史最为悠久，考古人员在信阳市平桥区长台关楚王城发掘出土的战国初期祭盘内就有板栗的残骸。区内所产板栗具有个大、肉嫩、皮薄、味甜、色泽鲜艳、颗粒饱满等特点。此外，产于罗山、商城两县的油栗个小、皮薄、肉厚、香味独特，不易生虫，便于储运，颇受消费者的青睐。信阳板栗的年产量有数百万吨。从1959年起，信阳板栗开始销往中国港澳地区及日本、美国、新加坡等地。

信阳板栗可炒食、生食、烘食，或磨成粉做糕点等。在信阳菜中以板栗为主料制作的菜品以"板栗焖鸡"为代表。信阳板栗各部分均可入药：栗果可健脾益气，消除湿热；栗壳可治反胃；叶，可做收敛剂；树皮，可煎汤洗丹毒；树根，可辅助治疗肾气不足等。

百　合

百合又名白百合、家百合、百合蒜，为百合科百合属多年生草本植物。百合地上茎高70—150厘米，川藏交界处的王百合高180—

200厘米。大别山、淮河之间产淮百合，地上茎高80—160厘米。百合地下有扁球形或近似球形的鳞茎，鳞片肉质肥厚，白色，暴露地面部分带紫色。早春，鳞茎中开始抽出茎，茎的叶腋中有时有珠芽。地上的茎直立不分枝，叶互生，披针形或椭圆状披针形，无柄。夏季开花，花大、喇叭形，单生或二三生于地上茎顶端，有红黄、黄、乳白或淡红等色。栽培百合需豆科、禾本科作物轮作，不能连作。

信阳人工栽培的百合，主要分布于浉河区、平桥区、商城县、新县、光山县、罗山县等地，尤其以浉河区的游河乡栽培的百合产量为最高，该乡有"百合之乡"之称。

百合性微寒，味甘，鳞茎既可食用，又可制淀粉，还可入药。每100克鲜百合中含蛋白质3.2克、脂肪0.1克、碳水化合物37.1克，还含有多种维生素及钙、磷、铁等。百合中所含的淀粉是优质淀粉，百合中还含有百合多糖类物质。中医认为百合有润肺止咳、清心安神之功效，可用于肺痰咳嗽、咯血、热病后余热未清、虚烦惊悸、神志恍惚、脚气浮肿的治疗。百合还具有养胃、补胃、退烧、通大便、利小便之功效。

百合的烹调方法多种多样，既可用炒、烧、煨、煮、汆、炝、炖、炸、煲、拌、制馅、蜜制、做汤等方法进行烹饪，也可以磨面制成糕点，还可以制成罐头、果脯；亦可制成干品以便存放；也能腌制成咸菜或用作腌制咸菜的配料。信阳用百合作食材烹制的菜肴不是很多，"西芹炒百合"是最常见的一道菜。另外，百合也常用于"八宝粥"的烹制。

桔　梗

桔梗也叫铃花、包袱花、苦桔梗、梗草、和尚帽子、明叶菜、六角荷、僧冠帽、白药、甜桔梗。我国最著名的桔梗有信阳产的申桔梗和商城产的商桔梗。桔梗属桔梗科，多年生草本植物。桔梗高30—100厘米，有乳汁，根肥大多肉，圆锥形，叶互生或三四叶轮生，无柄，卵形或卵状披针形，边缘有锐锯齿。桔梗在秋季枝端开花，花单生枝顶或数朵组成总状花序，花冠钟形，蓝紫色，五裂片，花朵直径2.5—5厘米，花期6—8个月。桔梗变种、变型的品种有白花变种、早花变种、晚花和大花品种。花色自深紫至白色。根据秆的不同，又分高秆、矮生等品种。我国是桔梗的原产地，主要产地在河南、安徽、湖北、江苏等省大别山及沿淮河一带。人工栽培桔梗现已分布于华东、华中、华南等地。信阳市地处大别山北麓、淮河沿岸，是桔梗生长的最佳地域。野生桔梗主要分布在商城县、光山县、新县、罗山县、浉河区、平桥区与固始县南部山区。信阳生产的桔梗分别以信阳各县的县名为主名：产于商城的桔梗叫商桔梗；产于罗山的叫灵桔梗；产于光山的叫申桔梗。信阳产桔梗的共同特点是根条肥大、充实色白，并具有菊花心，这是信阳产优质桔梗的三大标志。2004年11月，商桔梗正式通过国家市场监督管理总局原产地标记注册专家组的审核验收。

桔梗中富含钙、铁、磷和桔梗多糖、膳食纤维等，还含有菠菜固醇、菊糖、植物脂肪、蛋白质、维生素及饱和氨基酸等营养物质。桔梗性平、味苦辛，有润肺、利咽、祛痰、排脓的功效，主治外感咳嗽、咽喉肿痛、胸闷腹胀、肺脓疡。《本草纲目》记载桔梗还有止血作用，可用于治疗瘀血、吐血、尿血、便血等。另据《名医别录》记载：桔梗利五脏、润肠胃、补气血、祛寒热、祛风、疗咽喉痛。将桔梗与胖大海、麦冬、菊花、金银花等组合冲泡，制成夏季消暑的功能性饮料，能起到清热解毒的作用。

我国将桔梗作为食品和药品使用的历史可追溯到西周以前。桔梗是信阳菜的主要高档食材，在信阳菜的营养搭配上有重要作用。在信阳菜的烹饪上，桔梗既是主料也是配料，在信阳炖菜中运用特别广泛。桔梗适合采用炒、烧、蒸、煮、炝、凉拌、制馅、炖、煨、炸、酿、蜜制、煲粥、汆、烩等烹调方法。桔梗还可以制成果脯、糕点等。"桔梗三丝"是信阳最常见的菜肴之一。

潢川州姜

潢川州姜，为豫东南著名辅助食材，主要产于潢川卜塔集镇一带。据《光州志》记载，此姜早已远近闻名，人们为了区别于他姜，誉此姜为州姜，其历来为远销外邑的大宗之物。1915年潢川州姜在巴拿马万国博览会上展出，1960年参加全国"三辣会"，受到专家们的好评。潢川州姜，皮薄肉嫩，块大无筋，饱满鲜美，味道纯正且辛辣度高，久贮不变质。紫姜（嫩姜），既可生吃，又可用盐腌成酱姜，还可用糖酿成较为珍贵的茗姜，是难得的佐茶点心与很好的开胃食品。1987年至1989年，河南省种子管理总站组织专家将潢川州姜与日本姜进行对比研究，结论是潢川州姜的特性优于日本姜。

为了发展州姜生产，20世纪70年代初，在原卜集公社建立了姜蒜脱水厂。现在，卜塔集镇连片种植州姜面积1000余亩，分散种植800余亩，年产量在300万千克左右。州姜的产区得到了有效保护，产品的深加工取得了新突破，如姜片、姜丝泡菜等备受消费者青睐。茗姜的原料、制作方法如下：

生姜10千克，白糖10千克。生姜以纤维尚未硬化而又具有生姜辣味的嫩姜为佳。太嫩则无辛辣与芳香，太老则纤维硬化。用白糖腌制后，再经过风化、制干，即成佐茶、佐餐佳品。

固始茶菱

固始茶菱为清代贡品。茶菱属水生果类植物，像菱角（故群众称其为野菱角），茎叶浮于水面，夏季开小白花，叶小，果实杆状，通常在5月份开始成熟，采摘时间主要集中在中秋节前后，生长在信阳东部水乡，野生。信阳各地河网纵横，水库密布，历史上盛产野菱角。每至夏秋之际，便可采食生鲜野菱角；或者将其制干，以备冬春季享用，是茶余饭后不可多得的点心。其制作方法与风味特色如下：

在秋季茶菱成熟时，将其捞起，晒干，将果实剥出，再揉去果壳。茶菱果仁白色、黑头，长约1厘米，形如小虫。将整治干净的茶菱果仁，用小火细炒，直至发出清香，上糖熬制，再加适量黑芝麻，搅拌后即为成品。密封包装以防跑气软化、失味。茶菱果是高级点心，食用时不可用手拿，而应在旁边放一盏蜜、一杯茶水，用蘸了蜜的小棒粘茶菱，搭配香茶，慢慢品尝。茶菱果味道酥脆、清香，有清心、明目、怡神之功效。

淮滨芡实

淮滨县全境均产芡实，主产区是淮河以南的张庄、期思、王店等乡镇。人们于秋季采摘芡实，捣破果皮，取出籽粒，去其硬壳，药用其仁。芡实种子内的种仁（芡米）含有蛋白质、脂肪、纤维素、钙、磷、铁、胡萝卜素等，是营养丰富的食品和价值较高的中药材，有益心、益肾、涩肠之效，是常用补品之一，常食对防治慢性脾虚泄泻、小便频多、梦遗、腰酸腿痛有较好效果，滋补作用明显。芡米可供食用或酿酒。芡实的茎、根富含淀粉。芡粉系以芡实的淀粉制成并因此而得名，又称牵头、纤粉、粉纤、坨粉、团粉、粉面，主要用于勾芡、稠汤、挂糊、上浆、拍粉，用作制作肉丸的黏合剂，是作料类烹饪原料。其主要成分为直链淀粉，人们利用其糊化淀粉辅助肴馔制作。

息县"香稻丸"

"香稻丸"为息县特产，历史悠久，始于何时已不可考。相传，神农氏的小女儿路过息县夏庄乡南张庄，撒一撮籽粒于地，当年成熟，米香宜人。种子被一位老农视为珍宝，翌年再种，繁衍至今，"香稻丸"后被列为贡品。1915 年，息县"香稻丸"参加了在旧金山举行的万国商品博览会。《中国名食指南》将"息县香稻丸"列为河南名优特产。《河南年鉴》载："息县'香稻丸'香气馥郁，为一大特产。"其色泽青白如珍珠，香气馥郁，素有"一块稻香满坡，一撮米香满锅，一碗饭香满桌"之美誉。煮粥、蒸米饭时只需加"香稻丸"少许，则香溢满屋，沁人肺腑。

"香稻丸"含有大量的蛋白质、多种氨基酸、生物碱、B 族维生素、维生素 C、淀粉酶、胰蛋白酶等。香米能增强人体的抵抗力，改善新陈代谢，是治疗败血病、过敏性疾病、急慢性传染病的辅助食物，还能健全人体的毛细血管，对高血压及心血管系统疾病患者大有益处。据李时珍《本草纲目》记载，香米能"润心肺、和百药，久服轻身延年"。可见香米的药用价值之大。"香稻丸"因其香味，除可用作饮食调料、制成芳香糕点之外，还可以用作滋补药。

黄湖莲子

黄湖莲子系信阳市潢川县黄湖农场所产。黄湖莲子生产基地集莲子种植、食品加工及荷塘观赏于一体，生产基地面积 3000 余亩，种植的莲的主要品种为优质杂交湘莲 4 号和寸三白莲。基地引进德国先进加工技术，将传统工艺和现代科技相结合，产品保持了莲子本身特有的高级膳食、药用和保健方面的价值，年生产红莲、白莲、开边莲、莲蓉、蜜汁莲子、莲子粉、莲芯保健茶、莲子等系列产品约 2000 吨，市场前景看好。莲子利尿，可治疗消化不良、胃病、腹泻、贫血，具有强身健胃之功效，对于改善人体新陈代谢、软化血管、降低血压均有一定作用。

冬　笋

笋是竹的幼芽。冬笋是信阳南部大别山区的特产，是信阳菜食材中的珍品。

信阳冬笋主要产地为浉河区、新县、商城县、罗山县南部，以毛竹笋、水竹笋、桂竹笋为主。冬笋不仅味道鲜美，而且营养丰富，据检测，每 500 克冬笋中含有蛋白质 4.1 克、糖类 5.7 克、脂肪 0.1 克、钙 22 毫克、磷 57 毫克、铁 0.1 毫克。此外，冬笋还含多种维生素及氨基酸，特别是天冬酰胺，与各种肉类烹调后会产生特别鲜的味道。冬笋还具有较高的医药价值，有"利九窍、通血脉、化痰涎、消食积"等功效。冬笋所含的丰富纤维素，能促进肠道蠕动，既有助于消化，又能预防便秘和结肠癌的发生。冬笋还是一种高蛋白、低脂肪、低淀粉食品，对肥胖症、冠心病、高血压、糖尿病和动脉硬化等患者有一定的食疗作用。它所含的多糖物质，还具有抗癌作用。

冬笋味鲜爽口、洁净金黄、营养丰富，被誉为山珍。在筵席上，冬笋配肉类烹制，不失为一盘山珍佳肴。特别在寒冬时节，冬笋更是人们餐桌上的上宾。杜甫有诗赞曰："远传冬笋味，更觉彩衣春。"文学家们常用竹笋抒发春天的诗意，美食家们则把能够吃上冬笋看作新的一年享受美味的开始。

冬笋的食用方法颇多，经烧、炒、煮、煨等皆可成佳肴。它有易于吸收其他食物鲜味的特点，因此，它既可与畜禽等荤料合烹，也可与豆制品、食用菌、叶菜类合烧，如鲜嫩脆香的"冬笋肉丝"，清香爽口的"雪菜冬笋"，口味鲜美的"冬笋鲤鱼"，等等。冬笋也可单独做菜，如风味独特的"油焖冬笋""干烧冬笋"等。至于湖南的"火方冬笋"和"酥炸兰花冬笋"、上海的"冬笋塌菜"、扬州的"虾子冬笋"、湖北的"炒香冬"、四川的"干煸冬笋"、广东的"蒸酿冬笋"、安徽的"火烧冬笋"、浙江的"烩双冬"、山东的"炒三冬"等更是风味各异、吊人胃口的地方名菜。在信阳，冬笋不仅被用于宴席，也适合家常食用，如"清炒野（鲜）竹笋""鲜竹笋炖老母鸡汤"是百姓在春天经常食用的时令菜。冬笋可以鲜吃，也可以干制，用于焖烧荤菜。

信阳油茶

油茶是我国特有的木本食用油料树种，栽培利用历史悠久，与油橄榄、油棕、椰子并称为世界四大木本油料植物，主要分布于长江流域及其以南的 14 个省（区、市）。随着人们生活水平不断提高和饮食消费结构发生改变，利用油茶果提炼的茶油受到越来越多国人的青睐。此外，茶油被联合国粮农组织列为重点推广的健康型食用油，市场前景广阔。

油茶又名苦茶，经济价值高，用途广。茶油营养丰富，味香可口，能中和血液中胆固醇，降低血压，也可做工业用油。新县油茶种植已有 400 多年历史，现发展到 8 万亩，年产茶油 80 万千克。

2019 年 9 月 17 日，习近平总书记视察光山县司马光油茶园时特别指出：利用荒山推广油茶种植，既促进了群众就近就业，带动了群众脱贫致富，又改善了生态环境，一举多得。继 2019 年信阳市人民政府印发《信阳市人民政府关于推进油茶产业高质量发展的意见》后，2021 年，信阳市第六次党代会将实施"两茶一菜"振兴工程列入十大产业振兴工程之中，市委、市政府出台了《关于加快油茶产业高质量发展的实施方案》，成立了以市委书记、市长为组长的油茶产业发展领导小组，同时推动成立信阳市油茶产业协会。新县、光山县、商城县、罗山县、固始县政府出台了支持油茶产业发展的意见，打出"组合拳"，推动油茶产业高质量可持续发展。

截至 2020 年，信阳油茶产业覆盖新县、商城县、光山县、罗山县、固始县、浉河区、平桥区等 7 个县区。全市油茶种植面积从 2016 年的 75.08 万亩发展到 2020 年的 98.29 万亩；油茶籽年产量从 24540 吨提高到 38770 吨；茶油年产量由 5833 吨增长至 9350 吨；油茶综合产值由 9.53 亿元提高到 12 亿元，增长 25.92%。

信阳信锐油茶股份有限公司是在油茶产业健康发展大背景下成立的年轻的茶油生产加工企业，利用大别山区优质野生油茶资源进行低温冷榨，生产纯正野生山茶油，产品受到消费者好评。

中华猕猴桃

猕猴桃，学名为中华猕猴桃，又叫作洋桃。信阳境内的广大山区皆有出产。除垦地种植引进的优良品种外，大部分猕猴桃为野生。猕猴桃含有多种维生素和钙、钾、碘、铬、锌等，味道酸甜，鲜美可口，被誉为水果之王。猕猴桃有保护心肌、降血脂、止渴、解烦热、调中气等功效，猕猴桃汁还有阻断致癌物质在胃内形成的作用。全市年产量约百万千克，产品远销中国港澳地区及英国、法国、德国、日本等国。猕猴桃可制成果汁、果酱、果酒、果脯等多种产品，商城生产的猕猴桃酒被评为全国同类产品第二名，浉河区董家河果品一厂生产的猕猴桃果汁，曾被原农业部评为全国第一。

信阳银杏

银杏为世界珍稀树种，素有"植物活化石"之称。其干挺拔秀丽，叶子则像一把把打开的折扇，春天满树碧绿，秋季一片金黄，果实如同小杏。银杏木材质地细致，纹理美观，抗湿耐腐，与楠、樟、楸等名贵树木齐名。银杏种子为著名干果，称为白果。种仁含蛋白质、脂肪、糖类及少量组氨酸、胡萝卜素和核黄素等，也可供药用，可以治疗喘咳痰多，也可以收敛除湿，缓解小便频繁、遗精等症。银杏叶具有抗氧化、抗菌消炎功效，能扩张血管，降低血压，防止血栓形成，帮助避免脑血栓和高血压等疾病的发生。全市各县区均有银杏分布，其中以新县为最多，全县境内百年以上的大树有4000多株，年产白果15万千克左右，为全国之最。新县白果出口量占全省白果外贸出口量的80%，畅销东南亚各国。

银杏果经过加工可以直接食用，也可用于烹饪多种菜肴。信阳餐馆常见的有"银杏果甜汤""冬瓜银杏果老鸭汤"等。在制作和食用之前，需要确认银杏果完全熟透，避免生食导致中毒。

金棒槌丝瓜

丝瓜别名水瓜，系葫芦科一年生攀缘草本植物。丝瓜原产于印度尼西亚，有 2000 余年的栽培历史，元朝时传入我国南方，后逐渐向北发展，今我国南北均有栽种。丝瓜有圆筒丝瓜和棱角丝瓜两种，常见的是圆筒丝瓜。丝瓜嫩果为夏秋季节百姓喜食的蔬菜，老熟后的丝瓜络可用作沐浴及洗刷器物用品，也可药用。信阳金棒槌丝瓜是一种变种丝瓜，是信阳人栽培改良的、适宜信阳土壤气候环境的优良品种。金棒槌丝瓜攀缘性好，分枝力强，耐热、耐旱、抗病，叶掌状深裂，主蔓和侧蔓均结果，以侧蔓结果较多。食用丝瓜通常在花谢后 10 天左右采摘，瓜果一般长 25—29 厘米，横径 3—5 厘米，重 200—250 克。皮呈浅绿色，表面有深绿色线状和点状突起，肉为白色。金棒槌丝瓜是信阳主要农家品种，主要分布在浉河、平桥区和罗山、潢川、固始、商城等县。金棒槌丝瓜含有丰富的果胶、叶绿素、维生素 C 等。新鲜藤蔓及瓜的鲜滴液含有清热解毒成分。果胶与叶绿素对皮肤有较好的保护作用，鲜滴液可抗菌消炎、止咳消痰、祛除汗疹，鲜叶揉后涂抹至皮肤能治蜂伤，种子可以榨油。

金棒槌丝瓜突出的特点是瓜果呈短棒状，肉质肥嫩、耐老，不论是炒食还是做汤，味道都极其鲜美。金棒槌丝瓜可用炒、做汤、制馅、蒸、拌、炝、汆等烹调方法制成菜肴，"丝瓜炒鸡蛋""猪肝丝瓜汤"是信阳百姓经常烹制的家常菜。

信阳四叶黄瓜

四叶黄瓜又称四叶瓜、四匹封、叶儿四，因为其主蔓长到第 4 节时生第 1 个雌花并开始结果，故名四叶瓜。四叶黄瓜呈条状圆筒形，浅绿色，老熟后瓜皮呈黄色或棕黄色，老瓜单瓜重 250—700 克。嫩瓜表面有不规则的棱沟，刺小而稀，刺毛暗绿色，蜡粉偏多，单瓜重 200—250 克。

黄瓜原产于印度。我国种植的黄瓜分华北和华南两个系统。华北系统的黄瓜是汉武帝时张骞出使西域经丝绸之路引入我国，后经驯化形成的。华南系统的黄瓜经缅甸和中印边界传入我国南方。

信阳的农业专家认为，信阳四叶黄瓜可能是由先后引入的华南系统品种和华北系统品种天然杂交、自然分离，并经长期定向选择、栽培驯化而成的，兼有两大系统的优点。据考证，四叶黄瓜在信阳有上百年的栽培历史，在明清时期就培育出适应信阳本地土壤、气候等环境因素的优良品种。四叶黄瓜多汁液，富含果胶、叶绿素、胡萝卜素、维生素 C，还含有人体必需的各种矿物质、少量氨基酸及膳食纤维。四叶黄瓜所含果胶及叶绿素是很好的护肤物质，且具有生津解渴、利咽、通便等功效。

信阳四叶黄瓜果实肉质密，味浓，微甜，既可生食又可熟食。信阳人烹制四叶黄瓜，以炒、拌、煨、炖为主要烹制方法，还将其用作制作泡菜、腌制品或酱制品的原料。"凉拌黄瓜""肉焖老黄瓜""酱黄瓜"等是信阳常见的菜肴。

瓠　瓜

瓠瓜也叫扁蒲、葫芦，信阳人称瓠瓜为葫芦，也有一些地方将其称为瓠子、瓠葫芦、桃南瓜、北瓜、瓢瓜等。瓠瓜是葫芦科葫芦属瓠瓜种、一年生攀缘草本植物。瓠瓜茎叶有茸毛，叶心形，叶腋生卷须，花白色，夕开晨闭。瓠瓜果嫩时布满白色纤毛，破损处会有果胶溢出，呈椭圆筒形，绿白色；老果呈黄色，硬壳，可用作瓢盛物。瓠瓜原产于非洲和印度，我国产地主要分布于河南、山东、山西、河北、江苏、广东、广西、湖南、湖北、安徽、浙江、福建等地，信阳也是瓠瓜产地之一，瓠瓜遍布全市各县区。瓠瓜中富含果胶及膳食纤维、各种维生素、植物多糖、多种氨基酸，还含有钙、磷、铁和铜等。中医学认为，瓠瓜性平、味甘、微苦、入肺经，可治肺阴不足、咳喘不止，对支气管炎、哮喘及慢性支气管炎引起的咳嗽、气喘具有疗效，有利水、除烦热、润心肺功能，也能辅助治结石、止消渴、疗恶疮和鼻中肉烂痛。瓠瓜分为甜瓠瓜与苦瓠瓜两种。甜瓠瓜无毒，苦瓠瓜略有毒性，食用苦瓠瓜容易引起呕吐，导致胃部产生灼热感。

我国人民食用瓠瓜已有 2000 多年历史。烹调瓠瓜可用炒、煨、炖、烩、蒸、汆、凉拌、炝、熘、煲粥、做汤、煮、酿等方法。在信阳，瓠瓜主要是在居民家中食用，宾馆、饭店极少烹制瓠瓜。信阳百姓吃瓠瓜，一是鲜吃，二是加工后再吃。

大白菜

白菜古名菘，一二年生草本植物，包括结球及不结球两大类群。其中结球白菜俗称大白菜、黄芽菜。大白菜是中国的蔬菜之王，主产于中国中部与北部，种植区基本分布在长江及淮河以北。大白菜在我国种植历史悠久，可追溯到西周以前。信阳白菜最佳产地主要分布在沿淮地区低洼河滩地带，平桥区、息县、淮滨、固始、潢川等县区皆是主产地。

白菜是一个大家族，有许多品种。信阳所产白菜，有白菜和黑白菜两种。白菜就是北方人所说的大白菜，黑白菜是信阳农家培育的良种白菜，有很久的种植历史，是信阳特有品种。黑白菜是塌地小白菜的变种，因菜心呈黄色，信阳人将其称为黄心菜。后来，上海青白菜在信阳也有广泛的种植。

大白菜的叶生于短缩茎上，叶片薄而大，呈椭圆或长圆形，浓绿或淡绿色；心叶白色、绿白色或浅黄色，叶柄宽，两侧有明显的叶翼。按结球松紧，大白菜可分为包头大白菜与敞头大白菜；按季节可分为早、中、晚熟大白菜；按颜色可分为白口菜与青口菜。白口菜早熟，叶色淡绿，口感细嫩；青口菜晚熟，叶色浓绿，结球大，味甜，耐储存。介于上述两者之间的为中熟品种。小白菜是大白菜的幼苗。

大白菜味甘温，利肠胃，除胸烦，解酒渴，维生素 C 和磷、钙含量都较高，为冬令时蔬。每 100 克大白菜，含碳水化合物 2.1 克、脂肪 0.1 克、植物蛋白质 1.4 克，并含有膳食纤维、非淀粉多糖、维生素 C 与其他维生素，还含有丰富的锌及多种其他人体所需的矿物质。大白菜含有丰富的膳食纤维，经常食用对于预防动脉硬化、心血管病、便秘有一定的辅助治疗作用。

大白菜适合采用的烹调方法主要有炒、拌、烫、熘、烩、涮、汆、淋、炖、蒸，也可以采用腌、酱、泡、糟等方法，不宜干煸、烧烤。我国用大白菜烹制的菜肴，最有名的是陕西的"金边白菜"和沪菜"鸡汤白菜"。"金边白菜"是陕西西安慈恩寺素斋著名传统素菜之一。此菜以最普通的蔬菜、最精妙的技法烹制而成。清末翰林院侍读薛宝辰的《素食说略》中记载："或取嫩菜切片，以猛火油灼之，加醋、酱油起锅，名'醋熘白菜'。或微搭馋，名'金边白菜'。西安厨人作法最妙，京师厨人不及也。"据传，1900 年慈禧太后逃到西安时，每餐几十道菜中必有"金边白菜",足以证明西安的"金边白菜"早已享有盛名。"鸡汤白菜"做法极其简单,但味道极佳,将肥腴母鸡炖好的高汤和嫩白菜放到一起,稍炖即可。信阳菜中大白菜主要用作配料,如吃火锅时,大白菜是主要配菜。

黄心菜

　　黄心菜又叫卷窝菜、冬白菜、菊花心、团心菜,盛产于信阳北部沿淮地区。黄心菜的生产对土壤、气候要求相当严格,需要特定的土质和环境条件才能保持其特有的品质,不然品种就发生变异。因此,黄心菜产地范围极其狭小,以贤山以东、龟山以西、马鞍山以北、浉河以南的狭小范围内种植的品质为最佳。信阳各县区虽然均有栽培,但都属变种,菜品质量乃至味道都有变化。现在市场所售黄心菜属高梗黄心菜,种子大多来自江苏南京,并非信阳特有的塌地黄心菜。味道上,高梗黄心菜没有塌地黄心菜鲜美浓醇;质地上,高梗黄心菜没有塌地黄心菜绵软易消化。

　　黄心菜属十字花科芸薹属塌地小白菜的变种。黄心菜是由信阳浉河区五星乡三里店的菜农长期栽培驯化、定向选育而成的,以头卷窝、二卷窝的黄心菜最为著名。黄心菜叶片近圆形,外叶塌地,心叶蛋黄色,形状美观,艳丽悦目。特别是隆冬时节,雪后放晴,瑞雪烘托着绿叶黄心,一片碧玉金花,信阳人将此美景喻为"雪里金花""铺银叠金"。头卷窝和二卷窝的主要区别是:头卷窝是早熟品种,外叶浅绿,麻窝少而浅,刚毛多,叶柄白色;二卷窝是晚熟品种,麻窝多而深,刚毛少,叶柄青白色。

　　黄心菜含有 B 族维生素和维生素 C、碳水化合物、矿物质及微量元素、膳食纤维、胡萝卜素及非淀粉多糖。黄心菜富含膳食纤维，能疏通壅滞、稀释排解肠内致癌物质、健胃消食，所含非淀粉多糖、维生素、矿物质和其他多种多样的生物活性物质都具有很强的抗氧化能力，对美容保健有着重要作用。特别是经霜雪后，黄心菜柔嫩多汁，体内糖分增多，质脆味甜。

古时有人撰诗描写黄心菜："拨雪挑来踏地菘，味如蜜藕更肥浓。"由于信阳所产黄心菜的优良品质，新中国成立后，相当长一段时间内，信阳都往北京调运大量黄心菜，供来自全国各地的人士品尝。可以说，黄心菜不仅是信阳最具特色的蔬菜品种，也是我国最好、最具特色的蔬菜品种之一。

黄心菜的烹调方法多种多样，鲜品可炒、拌、炖、煨、蒸、煮、烩、烫、涮、制馅、炝等，腌制品可炒、蒸、煲、炖等，干制品发制后可炒、蒸、煨、炖等，也可与其他各种菜料搭配。"清炒黄心菜"最能体现黄心菜"脆而无渣"和甘甜的特性，是信阳菜中最有代表性的蔬菜菜品。"黄心菜炖豆腐"在民间也很常见。信阳有民谚曰："黄心白菜煮豆腐，赛过猪肉炖萝卜。"

信阳瓢菜

信阳瓢菜是堪与信阳黄心菜相媲美的蔬菜。瓢菜，又称毛叶黑、青菜、黑菜、青梗菜、白梗菜，其叶色墨青，不卷心，外观与黄心菜相似，栽培与生长期也与黄心菜一致，但是略显苦味，素炒不如黄心菜之口感，但若烩荤菜或佐火锅，则爽嫩可口，口感与黄心菜不相上下。

韭　菜

韭菜别名壮阳草、长生韭，旧时又称起阳草，百合科、多年生宿根草本植物，是我国特有的蔬菜品种之一。

韭菜叶细长扁平而柔软，翠绿色，条状；夏秋抽花茎，顶端集生小白花，像伞一样排列；根有椭圆状小块，簇生，春、夏、秋三季均可以收割；冬天在控制光照条件下可以培育出青韭与韭黄。韭菜在春、秋两季味道最为鲜美，夏季品质下降，故《本草纲目》中说"韭菜春食尤香，夏食则臭"，民间也有"韭菜、黄瓜两头香"的说法。韭菜主产于江淮流域至长城以内大部分地区，已有3000多年的栽培历史。信阳是我国韭菜的主要产区之一。韭菜不仅含有多种维生素和叶绿素、膳食纤维、辣椒素，而且富含钙、锌、磷等。韭菜性温，叶辛甘，中医学认为韭菜具有健胃提神、温补肝肾、助阳固精、温中下气、活血化瘀等功效。《本草拾遗》称：在菜中，此物最温而益人，宜常食之。

历史上，许多文人为之命笔吟咏，如杜甫的"夜雨剪春韭，新炊间黄粱"，苏东坡的"渐觉东风料峭寒，青蒿黄韭试春盘"。韭菜尽管味美，但由于其所含膳食纤维比较丰富，本身不易消化，有消化不良症状的人食用时要适量。韭菜因膳食纤维比较丰富、不易消化的特点，对促进胃肠蠕动，防止大便干结，预防肠癌有好处。韭菜中的辣椒素是很好的膳食调味品。韭菜春、夏、秋三季常青，也可在温室栽培，现在已能做到常年供人享用。韭菜味道鲜美，按食用部分不同可分为三种：叶韭，即韭菜；花韭，即韭菜花茎；叶花兼用韭。

信阳人最喜欢吃的是春季的初韭，就是在自然生长状态下成长的头刀韭菜。韭菜主要用于炒、制馅或做菜肴的配料。信阳烹制韭菜主要是采用炒、制馅和腌制的方法。"韭菜炒鸡蛋"是最常见的菜肴。信阳人很爱吃"韭菜饺子",但凡头刀韭菜往往用来制馅包饺子。"韭菜薹炒肉丝"又甜又脆又香,是非常鲜美的一道菜。此外,用鲜韭菜制作的"韭菜盒子"(类似于酒店里的"韭菜锅贴")也广受欢迎。腌制是信阳人特有的加工韭菜的方法。每逢秋末,信阳百姓就会买很多韭菜,将其洗净、晾干后,用水、盐及少量的糖对韭菜进行腌制,然后装罐密封,15天后即可食用。腌制好的韭菜即为咸韭菜,为佐酒伴食佳品。过去,信阳人在婚宴上一定会有一道不用刀切的腌整韭菜,寓意"长长久久"。

芥　菜

　　芥菜也称辣菜、腊菜,属十字花科。因"其气辛辣,有介然之义,又可过冬也",信阳人多称芥菜为腊菜。信阳栽培芥菜的历史可追溯到明代,信阳芥菜不仅历史悠久,而且品种繁多。据清《光州志》记载,信阳芥菜品种:"有青芥,叶似菘有毛,味极辣;有紫芥,茎叶纯紫,作齑最美;有白芥,高二三尺,叶如花,青白色,茎易起而中空,性脆。三月开花结角,子如粱米,黄白色。"此外还有南芥、刺芥、旋芥、马芥、花芥、石芥、皱叶芥、芸薹芥等,"皆菜之美者"。信阳所产芥菜,以固始县的为最好。固始芥菜株高一般为35厘米,株幅31厘米,单株重500克左右,叶片深绿色,叶梗常有一层薄薄的蜡粉,叶柄短。按叶缘缺刻的深浅划分,固始芥菜可分为花叶芥菜和板叶芥菜两种。芥菜富含钙、铁和维生素A、维生素C,常食可预防坏血病。芥菜还含有较多的膳食纤维,对患有便秘的人有一定的辅助治疗作用。

　　芥菜可生食、炒食、煮食和煨食。生食是指芥菜可随取随吃,若以小磨香油和蒜汁调之、蒜苗拌之，味道更佳。炒食主要有"蒜苗炒芥菜"和"肉末炒芥菜"两种。煮食时，将芥菜和猪肉放在一起，加入调料，煮熟即可。"芥菜煮猪肉"风味独特，鲜美可口，是百姓家中经常烹制的家常菜。煨食是将炒熟、煮熟或腌制的芥菜盛入小瓦罐中，放入锅灶用火煨制，就罐取食。如没有吃完，可回火继续煨制，直到吃完为止。如用腌制的芥菜煨制，需要多加些猪油或肥肉，放齐调料，并且煨的次数越多，酸味越少，适口性越好，尤其适合老人下饭。此外，腌芥菜也是信阳一大特色菜。用于腌制的芥菜，要选既不太老又不太嫩的，太老，纤维多，口感不脆，太嫩，易腐烂，味道不好。因此，一般春天腌制芥菜，应在 4 月下旬采收；秋天腌制芥菜，应在 11 月上旬采收。芥菜采收后，经洗菜、晾菜、切菜、揉制、装坛、封口 6 道工序，1 个月后便可食用。腌制好的芥菜，颜色橙黄，既透明又有光泽，香气扑鼻，口感爽脆，咸酸中带有甜味，是极好的家常小菜。

雪里蕻

雪里蕻又称雪菜、春不老，十字花科，叶呈长圆形，叶裂齿状或细密齿状，叶色泽浓绿或深绿，叶柄细长，有强烈的芥菜辣味。夏末秋初撒播种子，初冬至第二年春季为收获季节，菜籽可榨油。雪里蕻是地道的中国菜品种，信阳市各县区均大量种植，在大别山北麓到淮河两岸地区产量相当高。在唐朝以前人们还把它当作野菜，后来经过人工栽培，雪里蕻成为我国重要的蔬菜品种，到明清时期，随着种植面积的逐步扩大，雪里蕻成为百姓餐桌上的美味。雪里蕻鲜菜因有芥菜的辛辣气味不宜直接食用，经过腌渍的雪里蕻被称作腌菜或腊菜。腌渍好的腊菜色泽黄亮，咸酸适中，富含钙、铁、维生素 C、维生素 A、膳食纤维等，可以预防坏血病。雪里蕻的干制品——霉干菜富含膳食纤维和多种人体必需的微量元素。雪里蕻腌制或干制品中的膳食纤维可以防便秘。

雪里蕻腌制品多用于炒食，也可用作火锅底料，或用作辅料蒸或扒，也可用作馅料。干品经涨发后可蒸可炒，也可制馅，或制成辅料，或作馅包馍。"水花雪里蕻"是信阳百姓最爱也是最经常食用的一道菜。"水花"就是小鱼苗。信阳水资源丰富，鱼类多，百姓将捕来的小鱼，用锅焙干，然后用来炒雪里蕻，既酸甜可口又有营养。

茼 蒿

茼蒿又称蓬蒿、蒿子秆、两色三七菜、血皮菜等，为菊科茼蒿属，一年生或两年生草本植物。茼蒿有大叶型和小叶型两种，叶倒卵状披针形，缺刻深或浅，色淡绿，有香气。茼蒿原产于我国，主要分布在河南、安徽、江苏、山东、河北、湖南、湖北、福建、广西、广东、浙江等省。我国人工栽培茼蒿的历史可追溯到2000年前，信阳人工栽培茼蒿的历史也有1700多年。信阳市是茼蒿主产地之一，主要产区在信阳淮河南、东南和西南的大别山区。

每100克鲜茼蒿，约含蛋白质1.9克、脂肪0.3克、碳水化合物2.7克，胡萝卜素和维生素A的含量也较多。茼蒿中膳食纤维含量较多，且质量高，还含有挥发性的精油及胆碱和钙、铁、锌、硒、锰等营养物质，具有开胃、健脾、通肠、安心气、止咳祛痰、降血压及补脑等作用。

我国食用茼蒿时间较早，主要食用茼蒿嫩茎和叶。由于茼蒿较嫩且含水量高，所以常以凉拌、炒、制馅、粉蒸、面煎等方式进行烹调。

信阳烹制茼蒿主要采取炒的方法，如"炒茼蒿"，也常将茼蒿用作煮汤、蒸馍配菜，可带来独特风味，亦可用作火锅配料。光山县与新县等地的吃法最具代表性，特色菜品有"蒿子馍""蒿子蒸饺"。

箭杆白菜

箭杆白菜属十字花科，以杆长而细、形似箭杆而得名。箭杆白菜株高40—50厘米，叶片小，叶面起皱呈匙形，也称匙匙白。箭杆白菜叶柄细长，棒状，白色透绿，光滑，布有蜡粉。商品菜多为12片叶，单株重200克左右。箭杆白菜主要产于淮河上游、大别山北侧，春秋时期信阳已有栽培，以信阳市浉河区、平桥区以及光山、罗山、新县、商城、潢川、息县、淮滨、固始等县为主要产区，是信阳大宗蔬菜种植品种之一。箭杆白菜含有一定量的碳水化合物、蛋白质、脂肪、维生素C，锌、钙、磷的含量较为丰富，并富含膳食纤维。箭杆白菜主要能为人体提供必需的钙、磷、锌等，具有促消化、通脉、健胃之功效。

箭杆白菜以叶、柄为主要食用部分。箭杆白菜叶片鲜嫩，可炒食或做汤。信阳常用箭杆白菜腌制酸菜，有时则将腌制的箭杆白菜晒成干菜。腌制后的箭杆白菜呈淡黄色，有光泽，酸脆可口。

信阳人烹制的箭杆白菜，以罗山县最具代表性。当地民众常将其与咸辣椒、肉丝同炒，如"肉末炒箭杆白菜""箭杆白菜炒米饭"，味道极佳。干制的箭杆白菜主要用于吸收油脂，为了增加箭杆白菜的营养和改善口感，常将其与猪肉、炸过的排骨放在一起蒸、炖、煲、煨，做出各种菜肴。此外，信阳百姓经常用干制的箭杆白菜作馅包包子、饺子，风味十分独特。

蕨 菜

蕨菜又名蕨、乌糯。春天从蕨的根茎处开始生长出嫩叶，嫩叶卷曲，像婴儿的拳头，因此，信阳人给蕨菜起了个形象的名字——娃娃拳；又因为蕨的嫩叶有白色茸毛，形似猫爪，也有人称蕨菜为猫爪菜。所谓"蕨菜"，就是蕨的幼嫩茎叶，并非整个蕨的植株。蕨是凤尾蕨科蕨属的一种，是多年生草本植物。根状茎匍匐生长。新生叶上部向内卷曲，被茸毛，展开后为三四羽状复叶。

蕨在全世界很多地方都有分布，我国各地荒山都有生长，信阳盛产蕨菜，它是信阳著名山珍之一。蕨菜含有丰富的蛋白质、维生素 C 和胡萝卜素，100 克蕨菜嫩芽中约含碳水化合物 10 克、蛋白质 1.6 克、胡萝卜素 0.168 克，还含有胆碱和麦角固醇。蕨菜全株都可入药，药性平，味甘，其药用功能有解热、利尿、祛风、消肿，并对关节炎、高血压有一定疗效，也可用作驱虫剂。

蕨菜长于山野，属天然蔬菜，极少受到农药、化肥的污染，因此是一种洁净的无公害蔬菜，越来越受到消费者的青睐。近年来，我国农业科技工作者研究出了蕨菜的人工栽培方法，使蕨菜可进行露地栽培和设施栽培，一年四季均可上市。蕨菜由于具有特殊的清香味道，很受人们喜爱。我国食用蕨菜的历史悠久，早在周朝初年，伯夷、叔齐二人就采蕨于首阳山（今陕西省西安西南）下，以蕨为食。蕨菜作为美味蔬菜，是我国重要的外贸土产商品。我国可供食用的蕨类较多。蕨菜是上好野菜，其味道之美，口感之佳，不亚于木耳、黄花菜。在日本，蕨菜被称为"山菜之王"，通常只有高薪富有阶层才能吃到。蕨菜可炒食，也可做菜汤；可鲜食，也可盐腌，还可干制。鲜食时应用开水煮两三分钟，再炒食或冲汤；盐腌时应选择粗细整齐、色泽鲜艳、柔软鲜嫩的，配以适量的盐，制成酸菜备食；干制则是将蕨菜稍蒸或煮后摊晒成干菜备用。蕨菜根制成的蕨粉，是一种用来制作饴糖、饼干、粉条的高级淀粉。蕨菜鲜嫩细软，余味悠长，吃起来滑润无筋、味道清香。家常可焯、炒、打卤下面条、做包子馅等，吃法极多。烹饪界对蕨菜更是珍爱，因其颜色翠绿，造型美观，能做出多种色香味形俱佳的凉热菜。"商芝肉""炒肉蕨菜""木樨蕨菜""海米蕨菜"等，是我国用蕨菜烹制的脍炙人口的珍馐，日本的"鸡素烧"亦是知名的蕨菜佳肴。信阳所产蕨菜因鲜嫩味美、无污染而闻名遐迩。

信阳百姓采集加工蕨菜经验丰富，技术要求严格。一般采集背阴山坡和疏林下肥沃土壤中生长的蕨菜。采收时，趁嫩采收，随采随放入竹篮或布袋中，防止阳光照射。当天采收当天煮晒或腌制，不能过夜。若煮晒，则先用清水把采来的蕨菜洗干净，然后立即放进加有食盐的热水锅中，在锅中翻两三遍后迅速捞起，放入箩筐或竹帘上晾晒，干后储存。若腌制，则先配制波美度为20—30的盐水，再把扎成小把的蕨菜整齐地放入缸中，然后浇上盐水，腌制7天后进行翻缸。翻缸时将蕨菜拿出洗净，沥干水后再放入缸中，接着再加入新配制的盐水，压上石头，半个月左右即好。腌制好的蕨菜，柔软，鲜艳，色泽近似鲜蕨菜。"蕨菜炒肉丝""红焖蕨菜""炒娃娃拳"是信阳菜中常见的用蕨菜烹制的菜肴。蕨菜也常与其他山野菜一道凉拌。信阳烹制的蕨菜以新县为代表。在民间风味的基础上，当地还开发出"将军菜"系列。

蕨菜中含有原蕨苷，长时间或大量食用可能有碍食道、胃的健康，因此建议适量食用。

信阳白藕

　　信阳白藕俗称莲藕、莲菜，系多年水生莲属睡莲科草本植物。信阳白藕叶大而圆、深绿，叶柄有刺，长 1.5 米以上；花单生于花梗顶端，花瓣多为白色和粉红色，十分鲜艳；种子为卵形或椭圆形，俗称莲子，可以食用。根茎就是人们所说的藕，肥大有节，中有七孔，色泽洁白的为白莲藕；表皮色泽稍暗，断面易变暗的为红莲藕。莲藕原产于印度，公元前 1 世纪传入我国。信阳栽培莲藕历史悠久，有白莲藕和红莲藕两个品种，以白莲藕品质为最佳。莲藕在信阳市各县区均有大面积种植，每亩单产在 2.5—3.5 吨。清朝时信阳就是我国莲藕主要产地，现在仍是我国莲藕主要产地。信阳白莲藕质优味甘，营养丰富，富含人体所需的淀粉和多种维生素，每 100 克鲜藕中约含蛋白质 1.9 克、碳水化合物 15.2 克、脂肪 0.2 克。藕节富含钙、铁、磷、锌等矿物质。藕的叶、花、梗、托、节、种子都具有药用功能。《本草纲目》记载莲藕有 70 多种医药用途。藕有健脾开胃的功效，将蒸熟后的藕捣烂敷冻疮可治"裂拆"。莲藕节是良药，煮水喝可医痢疾；把藕节捣碎取汁可医鼻出血不止，解鱼蟹毒。据传有一次，宋孝宗因食用湖蟹后患痢疾，众医医治无效。有一位民间医生诊断为冷痢，便速将新采的藕节用药杵捣烂，用热酒调和让其服用，连服数次后痊愈。孝宗感激不尽，赐给那位医生一个捣药的金杵臼。莲子也是很好的食材。莲子营养丰富，据检测，每 100 克莲子干品中，约含蛋白质 16.6 毫克、脂肪 2 克、糖 6.2 克，以及钙、磷、铁等，还含有维生素 B_1、维生素 B_2 等，胡萝卜素含量也相当丰富。新鲜的莲子可当水果，也可与鱼、虾、畜肉等同炒，做成清香爽口、别有风味的菜肴。莲子熟食可以强身壮腰，蒸熟的红莲藕是补血良药。干莲子在菜肴制作中是一种不常用的食材，主要用于制作甜点，如用于做莲蓉馅、八宝粥、八宝饭等。除此之外，莲子还是功能多、疗效好的中药，有补脾、益肺、养心、固精、补虚等功效，适用于心悸、失眠、慢性腹泻等症。

信阳白藕不仅可作水果和蔬菜食用，而且是制作藕粉的原料。藕既可生食，也适合采用炒、炸、烧、酿、拌、蒸、制馅、炖、煨、醋熘、煮等方法加以烹制。白藕，生食有生津、化瘀止渴、开胃消食的功效；熟食可补虚、养心生血、开胃舒郁。莲子可生食、煮食、炒食、做汤；藕还可制成糖藕、藕糕、蜜饯、果脯、藕粉等。信阳菜用藕烹制的菜肴，有代表性的有"蜜汁甜藕""丰收红袍穿心莲""排骨炖藕""脆皮百花酿藕夹""莲子扣肉"等。

信阳萝卜

萝卜古称莱菔、芦菔。萝卜是十字花科、一年或两年生草本植物。萝卜主要产地分布在长江中下游、淮河以北地区，信阳是主要产地之一。萝卜在春秋时期前就已为人工栽培，信阳的萝卜栽培亦始于春秋时期前。萝卜是一个大家族，有许多品种。信阳当地传统上种植的萝卜品种主要有青皮萝卜、白皮萝卜和红皮萝卜3种。

青皮萝卜，就是百姓常说的青萝卜。青萝卜是信阳著名蔬菜之一。信阳青萝卜叶簇披展，着生疏松，花叶全裂。青萝卜肉质根呈短纺锤形，长11—14厘米，粗6—9厘米，3/4露出地面。露出地面的部分皮色青绿，地下部分皮呈白色。

信阳产的青萝卜以浉河沿岸的五星乡、琵琶山、肖家河和淮河沿岸的游河、甘岸、冯湾、何寨等地沙壤中栽培的为最好。固始徐集的

"王脑萝卜"、息县的"尹湾萝卜"、淮滨期思的"王岗萝卜"、固始蒋集的"愣头青"等皆为萝卜中的上品,突出特点为脆甜细腻、多汁无渣、鲜嫩爽口。2018年12月1日,"首届商城县周寨萝卜文化节"在商城县鄢岗镇周寨村举行。

白皮萝卜主要产在息县、淮滨、潢川等地,红皮萝卜主要产在商城、光山、新县、罗山等地。息县、淮滨、潢川的红皮热萝卜与白皮热萝卜,以及浉河区的青紫皮小萝卜和冬(季)红皮萝卜,都是信阳很有特色的萝卜品种。萝卜中维生素C含量较高,仅次于辣椒,其他维生素的含量也很可观,每100克萝卜中约含蛋白质0.8克、脂肪0.2克、碳水化合物4.1克。根据药食同源的理论,萝卜的许多营养成分都对人体疾病有预防和治疗作用,民间有"冬吃萝卜夏吃姜,不劳医生开药方"之说。萝卜肉质根含有较多的糖分和维生素类,其中的淀粉酶能助消化。种子中含有的芥子油对链球菌、大肠杆菌、肺炎球菌有抑制作用。

萝卜的烹调方法有炖、拌、炒、蒸、炸、焖、煨、煮、烧等,也可制酱、腌、泡等,还可制成干品(含萝卜的地上叶)。信阳产的青萝卜成形性好,青皮多,熟食苦中泛甜,生食甘中有辣。因此,信阳人吃萝卜一是生吃、咸拌,如"拌萝卜块"(俗称"萝卜坎子")、"腌萝卜干";二是炒、炖,如"炒三丝""排骨炖萝卜""清炖萝卜丸子""面炕萝卜"等。

淮山药

山药又名薯蓣、白苕、大薯。沿淮两侧滩谷地盛产山药,所产山药世称"淮山药",久负盛名。当年许多流落到台湾的信阳、驻马店两地的国民党老兵，对此念念不忘。新中国成立前后，因治淮影响，淮山药产量锐减，其声名则被铁棍山药等怀系山药所淹没。

山药是薯蓣科、草质缠绕藤本植物。山药地上部分为茎藤，地下茎肥大，有圆柱形、纺锤形、团块形，表面密生根须，黄褐色表皮，肉质白色，有黏液，是菜肴的食用部分。山药叶片形状多变化，通常所见为叶心形，耳状三裂，绿色或绿紫色；叶腋常生有珠芽，名山药蛋、山药零、零余子或山药豆，可作种子，也可食用。山药原产于我国，有 4000 多年的栽培历史。山药适应性强，遍及全国，信阳是山药主产地之一。山药的营养价值较高，含有维生素 C、维生素 B_1、维生素 B_2 和烟酸等多种维生素及钙、磷、铁等矿物质，它还含有不少液体蛋白，每 100 克鲜山药中约含有蛋白质 1.9 克、脂肪 0.2 克、碳水化合物 11 克。山药性平、味甘，具有健脾胃、补肺肾的功能。山药能预防心血管系统脂肪沉积，帮助血管保持弹性，预防动脉粥样硬化过早发生；能扩张血管、改善血液循环；可预防糖尿病，并具有益气养阴、固肾益精等作用；还对神经衰弱等疾患所致的肾虚尿频、男子遗精及女子带下不止、量多色白而无臭等有相当的功效。但有胃中灼热、胸腹满闷等症状者不宜服食山药。

山药是药用兼食用的佳蔬良药。烹调山药的方法包括：炒、煨、炖、蒸、蜜汁、拔丝、制馅、炸、焓、拌、煮、煲粥、制泥等。信阳人主要将山药用作炖菜配料，菜品如"老母鸡炖山药""老鸭炖山药"，或将山药蒸食。山药灵，是本地知名的点心和营养粥的配料。

茭 白

茭白也称菰、茭笋、菰手，多年生宿根水生草本植物。茭白茎直立，高 2 米，叶片长披针形，上面粗糙，背面中脉突起；叶鞘疏松，叶舌片膜质。根茎长约 50 厘米，节部有不定根，圆锥形花序未出苞时即为茭白。茭白抽出后结出的籽实为菰米，也叫菰实、雕胡米，去壳后可煮食。现在，茭白抽穗、开花、结实的极少，虽然无法收获菰米，却得到一种美味蔬菜。茭白的种植历史可追溯到 4000 多年前，它是我国特有的水生草本植物。

信阳沿淮各县区大量种植茭白，大别山北麓地区乡村中的塘堰、库渠均有种植。茭白中含有少量果胶，富含膳食纤维、蛋白质、脂肪、碳水化合物及非淀粉多糖，并含有钙、磷、锌等。茭白富含多种营养物质，其中它所含膳食纤维能起到疏通肠道、提高胃动力的作用。茭白性甘凉，与它的种子菰米都具有通便、利水以及解胸中闷热、心烦、口渴、咽干等功效。

茭白适合采用炒、拌、烧、炖、煨、下火锅、煲等烹调方法进行烹制，并适合用作辅料以增色、增鲜。茭白和其他菜搭配制作出的菜肴，是信阳各地重要的家常菜。

黄花菜

黄花菜又名金针菜，为百合科多年生草本植物。黄花菜块根肥大，碧叶丛生，花茎自叶丛抽出，花茎顶端生花 3—6 朵，花蕾状如金针。黄花菜在夏秋季节开花，花呈漏斗状，淡黄色，有香气，可供观赏。黄花菜集名花、佳蔬、良药的身份于一身。宋代大文人苏东坡赞曰："莫道农家无宝玉，遍地黄花是金针。"黄花菜有清热消炎、益智安神、止血通乳的功效，被营养学家推荐为健脑佳品，同香菇、木耳、玉兰片同为席上珍品。信阳种植黄花菜的历史悠久，不少县区都有种植，其中以商城县种植和加工的黄花菜为最好。商城黄花菜过去仅有零星种植，面积很小，1970年开始扩大种植面积，并引进良种和先进的栽培技术，产量和品质大为提高。商城黄花菜干品具有条肥丰润、油大色黄的特征。

食用黄花菜，一般是将欲开未开的花蕾摘下，先蒸后晒，制成干品，食用时用水发制后便可用于烹调。黄花菜适合采用炖、煨等烹调方法烹制，也可以凉拌。"黄花菜炖老母鸡"以汤鲜味美、滋补强身成为信阳最有代表性的菜品之一。

何首乌

何首乌别名首乌、赤首乌，为蓼科植物何首乌的块根。相传，古有何氏偶服本品，旧疾皆愈，须发转乌，获得延年益寿之效，何首乌因此得名。其块根肥大而不整齐，有的类似人形，分布于信阳市鸡公山等大别山区。

何首乌块根入药，经加工蒸熟者称制首乌，能补肝肾、益精血；干燥者称生首乌，能润燥通便、解毒消痈。何首乌藤茎，性平、味甘，能养心安神，治疗虚烦不眠、多梦等症。

信阳菜中有"何首乌煨土鸡""何首乌炒鸡丁""何首乌炒猪肝""仙人首乌粥""首乌降脂粥""首乌鱼头豆腐煲"等。

猪肝含有丰富的蛋白质、维生素 A、维生素 B_1、维生素 B_2 及铁等人体所需要的营养成分。何首乌与猪肝搭配制成菜肴，有补肝、养血、益肾、明目的功能。

以下是"首乌益智糖"的用料、制作方法和功效：

用料：制首乌汁20毫升，核桃仁50克，黑芝麻25克，砂糖50克。

制作方法：将核桃仁在油中炸至微黄，黑芝麻炒熟、炒香；将砂糖、制首乌汁倒入锅内，置火上熬至稠厚时，把核桃仁、黑芝麻加入，搅拌均匀即可。（注意：核桃仁应凉油时放入，不可炸焦；黑芝麻宜文火炒香，不可炒煳。）

功效：补肾益智，润肠通便，乌须明目。

鸡公山天麻

随着心脑血管病人的不断增多，高血压成为对中老年人威胁最大的疾病，而鸡公山天麻就成为"三高"患者的最爱。信阳鸡公山等地盛产野生天麻。天麻为兰科植物天麻的干燥块茎，是一种名贵中药材。天麻营养丰富，干品含蛋白质、脂肪、碳水化合物、维生素及 14 种氨基酸等。中医药学认为：该品性寒、味甘，有强筋壮骨、舒筋活络、明目、利肺、益肠胃、治头晕头痛等功效。常见食用方法为：天麻用温水浸泡后，放入土鸡或猪腿，小火炖烂，每餐吃一汤碗即可。

中医有"以脏补脏"之说，"天麻猪脑盅"有补脑、镇静、安神、养心的作用，适合神经衰弱患者食用，也适合因用脑过度而产生头晕、头痛、失眠、记忆力减退等症状的患者食用。

天麻可用来制作著名的药膳，如"天麻猪脑盅""天麻山药炖乳鸽""天麻肉片汤""天麻焖鸡块"等菜肴。

新县将军菜

将军菜是信阳新县特产绿色食品，产自大别山，为菊科植物的一个大族。新县山野菜有数十种，其中蕨菜，又名拳菜，产量居首，含多种维生素、氨基酸等成分，既可滋补身体，又可防病。新县依托山野菜资源，大力开发将军菜系列菜肴，如"清炒将军菜""将军菜炒豆腐""将军菜扣肉"，以及"凉拌将军菜"等。

将军菜与新县革命历史相联系。从这里走出去的将军们忘不了大别山中的花野菜、干蕨苗、野干菜，常常对去看望他们的山中人说："你咋不给我带点花儿菜呢？"或说："下回来，给我捎点干蕨苗。"因此，新县人就把这两种山中最多、将军们念念不忘的野菜统称"将军菜"。

五、菌类食材

信阳由于山多林密的缘故，生长各种菌类，黑木耳、香菇等产量很大，近年，野生的茶树菇等成为常见食用菌。食用菌子实体中蛋白质含量约为其鲜重的 4%、干重的 30%—45%，介于肉类和蔬菜之间，所含氨基酸种类齐全。此外，食用菌所含维生素较多，包括维生素 B_1、维生素 B_2、烟酸和维生素 C 等。矿物质的含量亦较丰富，尤其是含磷较多。研究发现，部分食用菌含有特殊的真菌多糖。但需要注意的是，食用菌所含嘌呤较多，痛风病人应限制食用。另外，部分菌类是有毒的，误食后会引起中毒，造成肝脏受损、精神错乱、恶心、呕吐、腹痛、腹泻、黄疸、血红蛋白尿，严重时发生休克甚至死亡。

木 耳

木耳分为黑木耳、银耳。

黑木耳又称云耳，信阳也有地方称其为黑菜，为木耳科木耳属的一种，色黑褐，有光泽，形似人耳，有光木耳和毛木耳之分。湿润时呈半透明状,干燥时呈革质。黑木耳除野生种群外,亦有人工栽培,栽培历史悠久。1972 年以前,信阳出产的黑木耳都是野生的,此后,开始推广纯菌种段木栽培技术。在信阳,黑木耳主要分布在浉河区、平桥区、罗山、商城、新县、光山等地,其中浉河区、平桥区、新县是河南省黑木耳生产基地。

黑木耳是一种营养丰富、用途广泛的胶质食用菌。经检验分析,每 100 克黑木耳中含蛋白质 9.4—10.6 克、碳水化合物 65.5—69.5 克、脂肪 0.2 克、膳食纤维 7 克、铁 185 毫克、钙 375 毫克、磷 201 毫克。此外,还含有维生素 B_1、维生素 B_2、维生素 C 和胡萝卜素等,营养价值很高。我国人民对黑木耳的认识和利用很早,北魏贾思勰在《齐民要术》中记载了加工制作木耳的方法。明代李时珍在《本草纲目》中记载:木耳生于朽木之上,性甘平。木耳有润肠、清肺、活血、止痛等功效。国外科学家还发现黑木耳能减少血液凝块,有预防冠心病的作用。如治痔疮出血和大便带血时,可用黑木耳 68 克、柿饼 30 克,同煮烂食之。血管硬化、冠心病、高血压患者,在菜中添加黑木耳,长期食用,有辅助治疗作用。木耳能提高肌体的免疫力,具有一定的防癌作用,并有清胃肠、除毒素等功效。

黑木耳作为食品,以质脆滑润而著称,是我国食谱中的高级材料,可直接作为主料进行炒、炸、蒸、制馅、炖、煨、烩、酿、煮、拌、氽、炝、煲、糖制等,也可作为配料进行烹调。信阳菜中烹制黑木耳的方法主要是拌、炒,如"菊花拌木耳"等,用黑木耳做汤也很常见。

银　耳

银耳又称白木耳,是银耳科银耳属的一种。银耳由菌丝体和子实体组成，菌丝体呈白色绒毛状，不能产生纤维素和半纤维素分解酶，因此，也就不能单独在木棒或木屑培养基上生长，只有同香灰菌混合接种，靠香灰菌分解木棒或木屑得到养分而生长结耳。子实体状似鸡冠或花瓣，富含胶质，白色半透明，干燥后呈淡黄色或黄色。银耳在我国分布广泛，主要产区在四川、贵州、湖北、福建等省的山林地区。清末，信阳县南部、西南部山区生产的银耳，在市场上有一定的知名度。银耳除野生品种之外，还有人工栽培的。人工栽培的历史始于清光绪二十年（1894）。据考证，我国是人工栽培银耳最早的国家。目前，世界上也只有我国进行大规模生产。

20 世纪 60 年代后，银耳袋料栽培技术的突破，打破了银耳只能在山区栽培的局限，使银耳栽培遍及全国各地，银耳由高档商品转为大众商品。信阳于 20 世纪 70 年代初引进段木栽培技术，先后在商城、罗山、光山、浉河区、平桥区等林木资源丰富的山区栽培，其中以商城出产的银耳最好，被誉为"商银耳"。银耳是一种高级滋补食用菌，每 100 克干耳中含蛋白质 5 克、脂肪 0.6 克、碳水化合物 78.3 克、钙 0.38 克、维生素 B_2 0.14 克。中医认为：银耳性平，味甘，有提神生津、强精补肾、滋阴润肺、益胃扩气、活血强心、补脑提神等功效，主治虚劳咳嗽、痰中带血等，一般作为食用补品。

银耳在进行烹调时多用以制甜馅、甜泥，也作八宝饭与八宝粥的配料，还可用炒、酿、蒸、煨、炖、拌煮等方法烹制成菜。"红枣银耳汤"是信阳最常见的用银耳熬制的补品。

香　菇

香菇又名香蕈，因子实体多在立秋到来年清明节前产生，故又称冬菇。香菇为担子菌亚门，白蘑科，由菌丝体和子实体组成。菌丝体生长在斜面培养基上，呈白色绒毛状，老化时出现棕褐色斑纹。子实体褐色，由菌盖、菌褶、菌柄三部分组成。菌盖表面常呈褐色，菌褶白色，菌柄筒状或稍扁，呈白色，其基部稍带红色或红褐色。香菇素有山珍之称，我国自古就有人工栽培，主要产于浙江、福建、江西、湖北、河南、安徽的山区。信阳市是河南香菇的主要产地，香菇主要产在浉河区、平桥区、罗山县、新县、商城县、光山县南部、固始县南部。香菇是世界著名的食用菌，营养价值非常高，蛋白质含量高，为干重的 13%，脂肪含量较少，仅 1.8%。香菇还含有香菇精、月桂醇、乌苷酸等芳香物质，香味独特，并富含碳水化合物、膳食粗纤维、维生素 B_2、烟酸、钙、磷、铁等和 18 种氨基酸，其中人体必需的 8 种氨基酸香菇就有 7 种，并多属 L 型氨基酸。香菇还含有多种维生素如维生素 B_1、维生素 B_2、烟酸和维生素 B_{12} 等。所含麦角甾醇，是维生素 D 原。除了食用价值外，香菇还具有较高的医疗价值，长期食用对预防高血压、心脏病和婴儿佝偻病有益，其所含多糖体对某些肿瘤有抑制作用。

香菇具有很高的营养价值，且香气浓郁，风味独特，在膳食搭配中自然成为重要的配料之一。烹制香菇适合采用炒、烧、炖、煨、煲、下火锅、制馅等烹调方法。"黄心菜炒香菇""老母鸡炖香菇"等都是信阳常见的菜肴。

松树菌

松树菌，又名松针菇，是一种自然生长在松树脚下的蘑菇，为黄褐色，少量为蓝绿、铜紫色。一般在每年重阳节后，从松树下长出，伞状，大如香菇，是无公害的野生食用菌，味道鲜美，出产众多，深受广大消费者喜爱。

棕红或墨绿色的松树菌是食用菌中的上品。其烹调方法主要有清炖、爆炒两种。商城县的滑肉炖松树菌火锅享有盛誉。

松树菌是目前尚不能人工培植的野生菌，除必须具备一般食用菌的生长条件外，还必须和松树生长在一起，与松树根共生，其生长环境为海拔500到700米的阴坡或半阴坡的松树林中。松树菌肉质肥厚，味道鲜美滑嫩，不但风味极佳、香味诱人，而且营养丰富，有"食用菌之王"的美称。松树菌也可入药，有强身、止痛、益肠胃、理气化痰、抗癌等功效。

竹　荪

竹荪也称僧竺蕈，又名竹参、网纱菇、竹姑娘、仙人笠，信阳百姓也称其为高脚伞、竹菌、竹蕈、僧兰草、鬼打伞、臭角菌等。信阳市是竹荪的主产地之一，主要产区为浉河区、平桥区、罗山、商城、新县和光山、固始南部。据说，宋时京都开封御膳厨师所用竹荪都是从信阳新县购买的。近年来，信阳所产野生竹荪多销往广州。1984年，信阳农科所以菌蛋为材料分离出纯菌种，并在新县进行人工栽培，获得成功。

竹荪是一种珍贵的食用菌，每100克鲜样中约含蛋白质19.4克、碳水化合物60.4克，还含有多种氨基酸、维生素等。

竹荪中所含的菌类蛋白多糖、多种无机盐及维生素，能增强人体免疫力。长期食用竹荪可以减少血液中有害胆固醇的含量。竹荪还具有溶脂排脂作用，是肥胖者减少腹壁脂肪的理想食品。竹荪提取物所含的抗肿瘤活性多糖可抑制甚至消除人体癌细胞，对白血病有一定疗效，对肝炎、细菌性肠炎、流感也有一定的防治作用。

竹荪营养丰富，脆嫩爽口，香气浓郁。采食竹荪，在我国有文字记载的历史就有 1000 多年。唐朝段成式著的《酉阳杂俎》前集卷十九中就有相关记载："梁简文延香园，大同十年（544），竹林吐一芝，长八寸，头盖似鸡头实，黑色。其柄似藕柄，内通干空，皮质皆纯白，根下微红。"这说明竹荪在南北朝时已加入我国食品行列。南宋陈仁玉《菌谱》有"竹菌，生竹根，味极甘"的记载。清代《素食说略》记载得更为详细，称"竹松或作竹荪，出四川，滚水淬过，酌加盐、料酒，以高汤煨之，清脆腴美"。国外食用竹荪却很晚。日本也产竹荪，却长期未加以食用，1911 年我国四川产的竹荪送到日本进行鉴定、对照，日本发现日本产的竹荪与中国的竹荪相同后才开始食用。长期以来，竹荪的供应主要依靠采集天然生长的，产量较少。

竹荪素有真菌之花、菌中皇后、素菜之王的美称，适合烧、炒、焖、扒、酿、烩、涮、做汤等多种烹饪方法。"扒竹荪带底"是信阳用竹荪烹制的最有代表性的名菜。

羊肚菌

羊肚菌因菌盖很像翻转的羊肚而得名。羊肚菌别名羊素肚，也叫羊肚蘑、羊肚菜、羊肚等，子囊菌纲、马鞍菌科。羊肚菌子囊果分囊盘和柄两部分：盖部有子囊盘，菌盖近球形或圆锥形，白色、褐色或古铜色，表面有蜂窝状凹陷，边缘全部与柄相连，很像翻转的羊肚；柄平整或有凹槽。羊肚菌在我国最佳分布区为秦岭、大别山、淮河一线。大别山区的鸡公山出产比较多。羊肚菌多生长在春末或秋初的林缘空旷地带，春季雨后采集子实体，清洗泥土，晒干或烘干，或加工成罐头，或速冻贮藏。信阳所产羊肚菌分为野生和人工种植两种。羊肚菌富含多种必需氨基酸，每 100 克羊肚菌干品中约含蛋白质 24.5 克、碳水化合物 30.8 克、胡萝卜素 1.07 毫克、铁 30.7 毫克、锌 12.7 毫克、磷 1.19 毫克。中医认为，羊肚菌性平、味甘，化瘀理气，可治消化不良、痰多气短等症，常食可明目健脑。

羊肚菌鲜品可以直接烹调，主要适用炒、烧、扒等方法；干品必须经过涨发或脱盐处理再食用。"山珍羊素肚""红烧羊素肚""荷花羊素肚"都是信阳著名的菜肴。

茯　苓

茯苓也称茯灵，多孔菌科卧孔菌属一种。茯苓是由菌丝体、菌核、子实体三部分组成的高等真菌，子实体不常见，通常所说的茯苓，指的就是茯苓的菌核。菌核多为不规则的块状，有球形、扁形、长圆形或长椭圆形等形状，质地坚硬，大小不一，小的如拳头，大的直径在 20—30 厘米，最大的重达 15 千克；外皮薄，淡灰棕色或黑褐色，呈瘤状皱缩，内部白色或粉红色，有红色筋。野生茯苓多寄生在赤松、马尾松等中南松的根部，深入地下 20—30 厘米；垂直分布，多在海拔 400—1000 米的山地。茯苓喜温暖、稍干燥的环境，寒冷潮湿的气候不利于茯苓的生长。茯苓的最适宜生长温度为 20—30℃。

大别山区是茯苓的最佳产地。大别山区所产茯苓，以信阳商城县所产茯苓为最著名，史称"商茯苓"。商茯苓主要生长在商城的伏山、长竹园、达权店、冯店 4 个乡，其产量占商城县茯苓总产量的 80%。2004 年，商茯苓正式通过原产地标记注册专家组的审核验收。商城县的吴河、余集、四顾墩乡及信阳市的其他县区，如浉河区、平桥区、罗山县南部、光山县南部、固始县南部亦有分布。

茯苓被人类发现、认识、利用，到现在有2000多年历史。我国的《史记》《神农本草经》等著作中都有关于茯苓的记载。茯苓的人工栽培始于1000多年前的南北朝时期。茯苓的营养成分丰富，含茯苓聚糖、麦角甾醇、胆碱、腺嘌呤、组氨酸、卵磷脂等多种成分。菌核中间的白色部分称白茯苓，有利尿、健脾、和胃、安神之功效；菌核近外皮的淡红色部分称赤茯苓，多用于利湿热；菌核的外皮称茯苓皮，多用于利水消肿。

茯苓的烹调方法多种多样，常用于滋补菜肴的营养搭配，也可单独制成茯苓糕、茯苓饼、茯苓茶等营养食品，亦可直接用火烧熟配调料食用。"茯苓红枣粥"是信阳用茯苓烹制的最有代表性的食品。

息县地皮菜

息县地皮菜，又称地菜、地皮、地搭米、地菜皮，属于绿色海藻类低等植物，干品称作葛仙米，又叫海雹米，信阳市各县区均有出产。每当春夏季节雨后，草滩、坡地、坟场、麦茬地、牛粪边、河边均有生长，一般在雨中或雨后采集。采集后一般要用清水反复淘净，拣出渣滓，再用开水汆一下，即可食用，或养于凉水盆中备用，或晒干备用。地皮菜口味清香，肉嫩而脆，口感清爽，含蛋白质、糖类，特别是含有球蛋白及大量维生素，营养丰富。中医药学认为其具有清热解毒、化湿杀虫、收敛止血、止泻止痢的作用。食用时，可加糖烩成甜菜，或与山楂糕搭配，风味殊异；更多是辅以肉末、青椒、韭菜、蒜苗炒制，也有用河虾、海米、干贝创新制作的，以提升其鲜味，浓淡互补。长期食用，能滋阴养颜。此菜过去多为贫苦之人所食，目前已成为时尚佳品，是难得的野生绿色食品。

六、干腊特产类食材

信阳腊肉，在江淮一带历史悠久，风味独特，信阳淮河以南县区均有腌制腊肉的习惯。对肉进行腊制，是一种特殊的加工方法。所谓"腊"，《辞源》称："腊，干肉也。"一般来讲，凡是经过腌制，并且到了腊尾春头时才拿出来吃的，才算腊肉。而咸肉之类，虽然也是经过腌制很好吃的干肉，但终究不能被称为腊味。腊制的肉类食品很多，主要有：腊制的猪肉、羊肉等，称为腊肉；腊制的各种鱼，称为腊鱼；还有各种腊肠。在我国，腊肉以湘、粤两省所产为最佳。不同的是，湖南的腊肉偏咸，并且湖南人在腌制过程中通过点燃谷壳、甘蔗皮、橘皮及木屑等对制作中的腊肉加以烟熏，使腊肉不仅滋味强烈，而且有错综复杂的烟熏感。腊味制品在湘菜中广为使用，可制作冷盘，也可制作各式腊味菜肴，其口感柔韧不腻，咸香可口，是具有浓郁地方风味的佳肴。粤式腊味味道较淡，秋冬季节的煲仔饭，最能体现粤式腊味的魅力。信阳腊制品制作方法独特，既不同于湘腊的熏制，也不同于粤式腊味的腌制，信阳腊制品是将畜禽等原料用作料腌制后晾晒而成的。信阳的腊制品种类较多，最著名的有罗山腊肉、固始腊鹅和商城板鸭、腊鱼等。

信阳腊肉，经热水发制煮熟晾凉后可直接食用。在酒店或宴席菜中，主要烹制方法为凉拌、热炒、炖煮。代表性菜品有"腊肉火锅""蒜薹炒腊肉""豆干炒腊肉""萝卜炒腊肉""荷兰豆炒腊肉""黄心菜炒腊肉"等。

罗山腊肉

腊肉是指肉经腌制后再经过烘烤（或日光下晾晒）的过程所制成的加工品。腊肉的防腐能力强，保存时间长，并具备特有的风味，这是腊肉与咸肉的主要区别。过去腊肉都是在农历腊月加工，故称腊肉。在信阳，每个县区都可腌制腊肉。信阳人腌制腊肉，先将肉进行腌制，然后将其置于日光下晾晒。信阳腊肉以罗山县的为最好。腌制腊肉，猪肉一般取自山民喂养的当地健康黑猪，即淮南猪。淮南猪是信阳土猪良种，是农民用原始的散养方式和野菜、橡栗、糠麸熟食料饲养的猪，猪肉无药物、饲料添加剂残留和任何防腐剂，味道纯正，是当今理想的生态型健康食品。食用时，先将腊肉用 70℃ 温水浸泡 60 分钟，使其去盐回软，然后用温水反复漂洗备用。若是选择清蒸，可将洗净的腊肉切片装盘，加入生姜片、生葱、生蒜，放入蒸锅蒸 40—60 分钟，或用微波炉烘烤 5 分钟，即可食用。如果选择炒制，则将腊肉切片加辅料翻炒即可。炖制，则是将洗净的腊肉切块，加入生姜、葱、蒜等，炖熟即可食用。

罗山尿脬腊肉

罗山尿脬腊肉是罗山县的风味美食。每年腊月，信阳人将新鲜猪肉切块腌制后装进猪的膀胱里面，然后悬挂在房梁阴凉通风处，制成尿脬腊肉。此肉可放置一到两年不会变质。腌制后的猪肉色泽深红、咸香味美，罗山县何家冲村一带尿脬腊肉最负盛名。（使猪尿脬膨胀有技巧：猪屠宰开膛时，趁热取出猪尿脬，排干尿液后，用一根细竹管插入排尿孔，边往里吹气边用手搓揉猪尿脬直至其尽可能地膨胀。待其冷却后，再在其顶端剪开小口，将猪尿脬里外对翻，装入用盐腌过的咸猪肉，捣实后密封，挂于阴凉通风处保存即可。）

信阳香肠

信阳民间有制作香肠的传统，几乎家家都会制作。信阳人多在腊月加工香肠，味道或咸或甜，馅料多是猪肉，可煮熟也可以蒸熟，食用时极为方便。工厂生产的香肠以原信阳地区肉联厂的产品为优，它是富有我国南方风味的食品，因其绝佳的色、香、味而名噪海内外。1984年，该厂生产的香肠荣获河南省食品行业优质奖；同年，在郑州举行的食品展销会上，所产香肠被抢购一空，日本山田公司当即要求订货。该厂产品曾畅销东南亚各地。

信阳香肠的原料、制作方法与风味特色如下：

原料：主料是猪腿肉（肥三成、瘦七成）5千克。辅料有猪肠衣若干，白糖60克，精盐60克，火硝2克，白酒75克，茴香粉5克，味精7.5克。

制作方法：（1）猪腿肉切成4.5厘米长、2.5厘米宽、0.4厘米厚的片，盛入瓷盆内，将火硝放入白酒内，溶化后淋在肉片上充分拌匀。（2）将精盐、味精、白糖、茴香粉均匀撒在肉片上，拌匀使其入味，放置1小时后装入猪肠衣内。肠衣刺孔放气，用麻绳扎成15厘米长的段，挂于通风处，晾晒半个月。（3）食用时蒸约20分钟即熟，晾凉后切片装盘。

风味特色：色泽红亮，醇香味长，滋润滑嫩，佐酒下饭均宜。

信阳香肠煮熟后即可食用，多用来制作凉拼或充当火锅配菜。

固始腊鹅

　　固始腊鹅是信阳腊肉中的主要代表，其中最著名的是五香腊鹅，它是采用改进后的民间腌鹅工艺制作出来的产品，多在冬季生产。产品特点是香腊味浓、油香四溢、咸中带辣、色泽浅黄。固始腊鹅腌制方法分干腌和湿腌两种。干腌的配方是：干白条鹅 100 千克，食盐 6—7 千克，八角 50 克。湿腌卤液配方是：水 100 千克，食盐 5—7.5 千克，花椒 200 克，八角 300 克，桂皮 400 克，小茴香 200 克，辣椒 100 克，姜 500 克。干白条鹅加工方法是：先将鹅宰杀放血，浸烫去毛，右翅下开口净膛，斩去翅尖和小腿，在冷水中浸泡 4—5 小时。洗净残血，去除残余内脏，沥干水分，压扁鹅体。干腌方法：先将辅料炒至无水分，然后将炒好的辅料均匀涂擦在鹅体内外和口腔、刀口处，之后将鹅叠入缸内，腌制 12 小时后取出，倒掉体腔内的盐水，再入缸腌 8 小时。湿腌方法：先把盐加入水中煮沸，使其成为饱和溶液，再加入其他辅料煎熬成卤液。然后，把干腌后的鹅放入，上面用竹盖子压住，使鹅体全部浸没在卤水中，腌制 24—36 小时。卤液可以重复使用，但每次使用后应煮沸，并补足食盐。腌制结束后，鹅出缸，沥尽卤液，挂于通风处风干，或在烘房内烘干，至色泽变黄，风干率达 70% 为宜。

　　食用腊鹅，应先将腌制好的鹅在清水中浸泡 3—4 小时，至鹅体柔软后，洗净污垢，减少肉中盐分。再用长 8—12 厘米的芦苇管或小竹管插入鹅肛门，一半在体腔外，一半在体腔内，同时，在鹅体内放适量八角、姜和葱。锅内放水烧开，停火。将插了管的鹅放入，待鹅体腔内充满水后，提起鹅腿，倒出体腔内汤水，再把鹅放入锅中，压入液面下，盖上锅盖，焖煮 30 分钟。烧火加热至锅内出现连珠气泡时停火，提起鹅，倒出体腔内汤水，再放入锅中焖煮 30 分钟左右，烧火至锅边出现连珠水泡，再提鹅倒汤，入锅，焖煮 10 分钟左右即可出锅。煮制过程中，水温维持在 85—91℃，可最大程度地保持肉质鲜嫩和风味。煮熟起锅冷却后，即可切块食用。

固始风鸡

固始风鸡，是固始县著名的传统美食特产。风鸡，即经过风干的腌鸡，具有独特的风味，便于储存、携带，制作方便。制作风鸡多在腊月，其时空气比较干燥，温度较低（0℃左右），微生物不易滋生，同时也易于产生特有的腊香。固始风鸡制作过程：宰鸡后腋下开口，取出嗉囊及内脏，若为母鸡，还需掏出鸡油，用洁净布揩净腹腔的血污，将炒香的椒盐在鸡腹腔内擦匀，鸡嘴里放点盐，颈及腋下刀口处要多擦盐（1 千克毛鸡用椒盐 150 克），再将鸡头塞入鸡翅下的刀口中，以翼抱耳，用绳缠绕系紧，悬挂于阴凉干燥处 20—30 天即成。一般农家将鸡吊在屋檐下自然风干。食用时解开细绳，拉出鸡头，拔去毛，温水清洗后烹制。若风干时间较长，可先浸泡脱盐。

固始风鸡味香肉嫩，烹制方法有蒸、炒、煮、炖、烧等，以蒸或煮为佳。若用蒸法，则取净风鸡加绍酒、姜、葱，以足气蒸透，斩块、条食之，或取肉撕丝，拌以芝麻油食用。若用煮法，则取净风鸡放入有干净水的锅中，加葱、姜、绍酒，先用旺火煮至近沸，撇去浮沫，再以小火慢煮长焖，至鸡腿酥透离火，剁块装盘，冷热食均可。煮熟的风鸡外皮油亮淡黄，肉质结实，鲜香可口。鸡肉中的组织蛋白酶缓慢分解，产生游离氨基酸，使其香鲜味美、风味独特。优质的固始风鸡成品应该是膘肥肉满，鸡肉略带弹性，皮面呈淡黄色，无霉变虫伤。保存时要防止雨淋或阳光暴晒，以免受潮和走油，引起腐败。固始风鸡宜于在立春前食用，若气温升高，则易变质。

固始风鸡主要用于凉拌或烩炖。因其加工难度大，市场上已不易见到吃到。

信阳板鸭

信阳板鸭是将鸭育肥增膘后按照一定的生产工艺和质量卫生标准制作而成的。成品板鸭形状如桃，脱毛干净，无"天窗"，色泽白润，肉质细嫩，尾油丰满，盐味适中，营养丰富，每只重600—800克。

信阳气候温和，雨量充沛，水域面积大，养鸭历史悠久，鸭是信阳主要禽类食物来源。将鸭腌渍加工成板鸭在信阳也有很长的历史。信阳板鸭造型美观，状似仙桃，鸭身干爽，皮白肉嫩，尾油丰满，两腿端正，底板肋骨呈"八"字形，色泽鲜艳透明，无霉斑，无盐霜，肥而不腻，味美香醇。板鸭属高蛋白、低脂肪、低胆固醇食品，并含有多种维生素、无机盐等营养成分，常食可以促进新陈代谢，有补虚、健肾、强身的功效。

信阳所产板鸭，最有代表性的是商城板鸭。商城板鸭是商城乃至整个大别山区最具地方特色的产品。

信阳板鸭过去都用淮南麻鸭作原料，现在除淮南麻鸭外，也用其他鸭作原料。信阳板鸭加工技术考究，系选用当年饲养的优良仔鸭，育肥后宰杀，佐以多种配料，经传统手工艺加工，结合现代包装精制而成。1985年，商城板鸭获国家"名、优、特"产品金奖，并出口日本、韩国和东南亚国家，获得"造型美观，肉丰骨软，咸淡适中，食味香浓，肥而不腻，老少皆宜"的评价。

除商城板鸭外，潢川县的八斤稻板鸭也很有特色。八斤稻板鸭是潢川县双柳镇传统的板鸭制品。制作八斤稻板鸭选用的鸭子从小鸭出生到育肥一般要喂八斤稻，八斤稻板鸭因此得名。八斤稻板鸭选用以稻谷饲喂，并在田野里散养的淮南麻鸭作为原料，经碘盐腌制、木板压制、晾晒后成为成品。制作八斤稻板鸭的技术关键点是把握晾晒的干湿度，只有把握得好，才能形成独特的风味。

烹制板鸭时，首先要用70℃的温水将板鸭浸泡80分钟，使其回软去盐，然后反复用温水漂洗。信阳人烹制板鸭，一般采用清蒸或清炖的方法。若清蒸，则先将洗净的整只板鸭装盘放在蒸锅里的蒸屉上，加生姜片、葱、蒜瓣，大火蒸40—60分钟，将蒸熟的板鸭切块装盘后即可食用；若清炖，则要先将洗净的板鸭切块放入锅内，加入生姜、葱、蒜和其他辅料，不加酱、醋、辣椒等调味品，文火清炖40分钟后即可食用。

腊干鱼

信阳腊鱼也很有特色。腌制腊鱼，有干、湿两种腌制方法。腊干鱼是用干法腌制的腊鱼。在信阳，到了年末，许多人家都要腌制腊鱼，特别是在商城，几乎家家都会腌制腊鱼。腌制腊鱼用的鱼，一种是大别山脚下鲇鱼山水库野生的红尾鱼。红尾鱼是商城鲇鱼山水库特产，别无产地，需要独特的天然水域环境，被消费者称为淡水生长的黄花鱼。另一种是驼背河鱼，是大别山山泉、小溪中生长的河鱼。驼背河鱼肉质细嫩、香味独特、营养丰富、纯天然、无污染，备受消费者青睐。腌制腊干鱼方法很简单，即将配好的原料同鱼放在一起进行腌制，入味后将鱼晾干即可。食用时，先将腊鱼用70℃的水浸泡1小时，去盐回软，然后反复用清水洗净备用，根据情况，焖、炒、卤、炖、烤均可。

华英熟食

华英集团位于潢川县境内，华英牌肉鸡、鸭产品畅销全国30多个大中城市。华英集团目前已成为集种鸭饲养、孵化、社会养殖、屠宰加工、冷冻、饮料生产、羽绒加工、包装制品、生化制品、药品生产等于一体的综合性外向型企业，20世纪曾为亚洲最大樱桃谷鸭繁育和加工企业，并成功上市，成为信阳第一家上市的畜牧企业。

华英集团出产的华英熟食已进入全国各大中城市超市，同时华英烤鸭实现连锁经营。鸭系列分割产品有鸭脖、鸭肫、鸭里脊、鸭掌、鸭舌、鸭中小翅、去骨鸭腿肉、鸭肉卷、鸭肉串、鸭肉切片、带骨鸭腿、鸭胸肉，鸡系列产品有整装鸡、鸡心、鸡腿弯、鸡大腿、鸡爪、鸡翅根，华英盐水鸭、鸭蓉蛋卷、酱鸭翅、酱鸭掌、烟熏鸭胸肉、五香猪蹄等已成为超市和酒店的热销产品。

筒鲜鱼

筒鲜鱼是商城风味食品之珍品，以野生鲜鱼肉为原料，以大山毛竹和池塘荷叶为容器，采用原始工艺制作而成。具体制作方法：将鲜鱼肉加上调味品，用荷叶包裹装入毛竹竹筒内密闭数日，鲜鱼肉、荷叶、毛竹三者之间发生了极微妙的相互作用，鱼肉适度分解，荷叶、毛竹香沁其中，使鱼肉在熟制后有独特的芳香。商城筒鲜鱼，芳香可口，味道独特，营养丰富，是现代人难得一品的特产珍品，2016年被中国烹饪协会认定为中国名菜。筒鲜鱼作为地方特产已有很长的历史，食用筒鲜鱼时，取出筒鲜鱼用清水洗净，可不加其他调味品，水煮或红烧、焖均可。

固始皮丝

固始皮丝虽不是严格意义上的腊制品，但其有腊制品的风味。固始皮丝生产加工历史悠久，相传始于明代，由固始县蓼城满堂春的掌柜创制，至今已有400多年的历史。清咸丰年间，祖籍固始的巡抚吴元炳，精制皮丝15千克，用绫缎包装后进奉朝廷，咸丰皇帝和后妃用膳后大加赞赏，皮丝遂被列为贡品。1915年，固始皮丝作为中国名优特产在巴拿马万国博览会上展出，受到好评，并获得金奖，从此固始皮丝蜚声中外。新中国成立前，固始县就有杜、张、席、王、罗、常、郑七家皮丝庄，豫、鄂、皖许多菜馆都经营皮丝菜品，有"无皮丝不成席"之说。固始皮丝加工方法有机器加工和手工加工两种，以手工加工的皮丝为最好。手工加工的皮丝一般选用150千克以上的猪的肉皮，刮尽脂肪，然后用刀片成4—5层，使猪皮薄如纸，再将猪皮切成细丝，阴干即成。中医学认为：猪肉皮性凉、味甘，入心、肺经，有补益精血、滋阴的作用，可用于出血性疾患和贫血的调养和辅助治疗，并能清热润燥、利咽喉。东汉大医学家张仲景在《伤寒论》中记载"猪肤汤"一方，称其可"活血脉，润肌肤"。皮丝营养丰富，含有蛋白质、脂肪、碳水化合物，还含有钙、磷、铁等营养成分。猪肉皮丝胶质含量高，约占组织重量的8%。胶质对人体皮肤、骨骼及结缔组织有重要作用，对延缓机体衰老和促进儿童生长发育有特殊意义。由于皮丝营养价值高，又有治病、抗衰、润肤的功效，在作为贡品献给皇帝后，御厨们烹制的"桂花皮丝"就成为皇帝喜爱的菜肴之一。

固始皮丝尽管不是腊制品，但在存放过程中，慢慢地有了腊味，并且存放的时间越长腊味越浓。食用时，先将皮丝放入热油中烹酥松，捞出后放入冷水中浸泡 10 分钟，然后即可根据需要做成多种菜肴。如果是存放时间较长的，则浸泡的时间应长些。烹制皮丝，主要用炒、蒸、拌的方法。"桂花皮丝"是信阳菜中最具代表性的菜肴之一。此外，"肉松皮丝""皮丝蛋卷""清蒸皮丝""皮丝丸子""凉拌皮丝"等都是信阳菜中清香爽口的佳肴。

商城"德"字粉

"德"字粉是商城传统特产，产于大别山区，以优质绿豆为原料，辅以山泉水，采用传统工艺精心制作而成，具有精白细亮、晶莹剔透、久煮不烂之特点，曾为贡品。1915 年，"德"字粉获巴拿马万国博览会金奖。

商城生产粉条的历史悠久，明朝就有人生产。清朝末年，汤泉池、余集一带就有数百家作坊。首创"德"字粉的是吴河乡汤泉池村的黄广顺家粉坊，他家于 1908 年开始以豌豆、绿豆为原料，使用本地的泉水洗粉，生产的粉丝不仅产品质量好，而且出粉率高，销路、效益都很好。在他的带动下，临近的曹广兴、陈宏昌、刘福志等人开办的粉坊也都相继仿制，生产经营起这种食用粉丝。到清末，全县有 300余家作坊制粉，粉商张德兴监制的"德"字商标的粉丝最为出名，故称之为"德"字粉。

"德"字粉又称汤粉、板粉，是一种特制的食用粉丝。粉丝洁白似玉，细亮，韧性好，烹制前用温水浸泡，可凉拌、热炒、煨汤炖肉、包饺子、炸丸子，味道醇美，爽滑可口，久煮不烂，堪称席中佳品。同时，"德"字粉包装精细，5 斤散乱的粉丝，经过工匠梳理压制，做成长 34 厘米、宽 30 厘米、厚 5 厘米的精制粉块，四面光滑如板，配以桃红色的"德"字商标和黑色的丝线，不仅美观大方，而且便于运输，远销我国两广、港澳地区及东南亚各国，市场上供不应求，享有很高的声誉。

七、豆制品类食材

信阳豆腐

豆腐是以大豆为原料加工而成的一种豆制品。有学者考证，豆腐起源于汉代。公元前 164 年，刘安承袭父位被封为淮南王。刘安好仙道、喜炼丹，为求长生不老之药，在炼丹过程中无意之间发明了豆腐。信阳百姓之口头传说和考古发现，皆支持豆腐的发明者为刘安一说。

在我国，豆腐的种类很多，有南豆腐、北豆腐两大类。南豆腐以"嫩"为基本特征，嫩到一碰即碎的程度，所以也叫嫩豆腐。南豆腐是用石膏冲浆点制的，成品含水量在 90%—92%，色泽洁白，外表柔软，质地细腻，味略甜而鲜嫩。南豆腐做得最好、最有名的是安徽淮南的八公山豆腐。八公山豆腐以其细若凝脂、洁白如玉、清鲜柔嫩、质优味美的特征享誉四方。北豆腐以"硬"为基本特征，所以又叫老豆腐。北豆腐是用盐卤点制、在豆腐箱内制成的，成品含水量在 85% 左右，色泽乳白，表面光滑，口感细嫩。最能体现北豆腐"硬"的基本特征的是东北的铁豆腐。据说用铁豆腐能把人的头砸出一个包来。此说尽管有戏言成分，但用细麻绳将铁豆腐拴着拎回家却是真的，铁豆腐的硬度可见一斑。

信阳位于我国中部，做出的豆腐既不像南豆腐那么嫩，也不像北豆腐那么硬。信阳的豆制品主要有水豆腐、千张豆腐、豆腐干。潢川的二薄豆腐和信阳的水豆腐都是用石膏点制的，属于南豆腐的范围，因此，信阳人把水豆腐称作嫩豆腐。信阳各县区都生产水豆腐，由于区域、习惯的不同，同是水豆腐，在不同的地方，有的稍嫩一些，有的稍老一些，但老嫩适度、软硬得当是信阳水豆腐的基本特征。其中，最能体现信阳水豆腐基本特征、做得最好的是信阳李家寨的水豆腐，信阳东双河、双井和沱店的水豆腐品质也很好。

豆腐在我国居民食品结构中占有突出的地位，是百姓食用最多的食品。豆腐的烹制既简单又方便，可炒、可炖、可烧、可拌。在信阳，用豆腐烹制的菜肴有很多，如"鱼头炖豆腐""茄汁豆腐""煎鱼皮豆腐""白菜炕豆腐"等。

潢川二薄豆腐

二薄豆腐是潢川特产。制作二薄豆腐，先将已加入凝固剂的豆浆压制成厚1厘米上下、50—60厘米见方的大块豆腐，然后将8到10块豆腐摞在一起，加压使之紧密地挨在一起。于是，人们把这种由多层豆腐叠压而成的豆腐称为二薄豆腐。

信阳千张豆腐

信阳千张豆腐是信阳又一种特色豆制品，以豆味醇正，薄透如纸，既软嫩又筋道而著称。其代表是信阳柳林豆腐、信阳李家寨豆腐及鸡公山山泉豆腐。

千张豆腐是一种超薄豆腐。制作千张豆腐，要先做一个一张纸大小的木制长筒形模具，准备一卷同模具一样宽窄的白色粗布。制作时，先将白色粗布铺在模具的底部，将适量的豆浆均匀地铺在白布上，然后，将白布折回，盖在豆浆上；再在折回的白布上均匀地倒适量的豆浆，然后，再将白布折回，盖在豆浆上，持续重复，直到将模具装满。最后，用力压制，挤出水分。制作千张豆腐，每次用浆的量必须一致，否则做出的千张豆腐厚薄不一。过去，信阳千张豆腐做得最好的是信阳城区的几家豆腐坊，特别是西关原行署大院西边的一家豆腐坊做的千张豆腐，薄厚均匀，又软又筋道。千张豆腐可炒、可拌、可卤，"韭菜炒千张""凉拌千张丝""卤千张""汗千张"是信阳最常见的菜肴。

罗山千张

千张又称百叶、皮子、豆腐皮、腐皮、豆片，含水量不超过75%，以薄而匀、质地细腻、柔软而筋道、呈淡黄色、有光泽、味道纯正、久煮不烂者为上品。罗山、固始、平桥等地的千张质量较佳。其中，罗山千张最负盛名，行销豫、皖、鄂等省份，深受消费者喜爱。罗山千张以罗山县铁铺镇所产的千张为好，属半干性制品，可以切成细丝，或烫煮后拌食，或配素菜（蔬菜），或切成长条后打成结卤制（亦可配肉红烧），或制成素鸡、素火腿、素香肠、素鹅等，也可以制成豆丝、豆皮松。

信阳豆筋

信阳豆筋也是很好的豆制品。豆筋是制作豆腐烧煮豆浆时，豆浆中的脂肪和蛋白质上浮凝结而成的薄膜，也叫腐衣、豆腐皮、油皮等。将豆筋卷成细长杆状，晾干后制成的豆制品叫腐竹。豆筋富含蛋白质、脂肪、碳水化合物，为豆制品中的高营养食物。信阳人在做豆腐时，一般都将豆筋挑出单卖。豆筋可作汤料，也可作包裹料用于制作肉卷之类的菜品，还可单独成菜。信阳菜中用豆筋烹制的菜肴有"豆筋焓菠菜""豆筋炒芹菜""虾拌豆筋""豆筋鸡蛋汤"等。

豆腐干

豆腐干是豆腐家族的一大分支，品种繁多。最常见的是白豆腐干，系豆浆加热成熟，经点卤后在模具中压制而成的，含水量比水豆腐少，只有65%—78%，故称干子。豆腐干的形状和味道也有很多种：方形豆腐干称方干；圆形豆腐干称圆干；用小蒲包压制的豆腐干称蒲干；加调味品以茶叶熏成的豆腐干称茶干；加五香料的豆腐干称五香茶干；豆腐干切兰花刀，油炸后形如兰花的称兰花干子；入油锅炸后，放入以糖蜜为主的调味汁中浸泡的称蜜汁豆干；白豆腐剞刀、油炸后浸入调味卤汁的称回卤干；放入臭卤中腐变后的称臭干。在这众多的豆腐干品种中，以五香茶干流传最广，著名的有扬州十二圩茶干、南京牛首山香干、马鞍山采石矶香干、扬州虾子酱油香干、南通白蒲香干等。

信阳豆腐干主要有五香茶干和素鸡两种。信阳豆腐干同豆腐的区别在于，豆腐经压制成形后即为成品，而豆腐干要先制成白豆腐干，白豆腐干制成后，还要放在糖浆中煮，白豆腐干着色后才成为豆腐干。也就是说，豆腐是半熟制品，豆腐干是熟制品。五香茶干是一种加五香料煮制而成的方形豆腐干，表面呈酱茶色，内为白色，7—8厘米见方，厚 1 厘米上下。同南方其他地方制作的五香茶干相比，信阳五香茶干一是比较嫩，二是比较厚。素鸡是一种圆柱形的豆腐干。加工素鸡时，先将豆浆压制成 15—16 厘米见方的白豆腐干，然后撒上一些五香料，用布将其裹成圆柱，放入调料水中，边煮边着色。煮好后，去掉包裹布，晾干即可。素鸡是信阳特有的豆腐干，以浉河区生产的为最好。信阳五香茶干和素鸡，茶香浓郁，软嫩可口，可凉拌，也可炒食，如"土芹菜炒豆干"用的就是五香茶干。素鸡的食用方法一是凉拌后作为凉菜直接食用，如"凉拌素鸡"；二是炒食，如"炒素鸡"。

冻豆腐

冻豆腐就是经过冷冻的豆腐。在数九寒天，把整板的鲜嫩豆腐切成大块摆在室外，用干净布或其他遮盖物挡住灰尘。由于豆腐内部的水分到 0℃ 时结成了冰，比常温时水的体积要大 10% 左右，原来豆腐中的小孔便被冰撑大。等到冰融化，水从豆腐里跑掉以后，留下了数不清的孔洞，使豆腐内部呈蜂窝状。新鲜豆腐经冷冻后，其内部组织结构、成分虽发生了变化，但维生素、蛋白质、矿物质等没有减少。经研究证明，经常食用冻豆腐，有改善胃肠道功能及促进组织脂肪吸收的作用，从而达到减肥的目的。冻豆腐吃法多种多样，可与肉类或各种蔬菜一起烧制，也可做冻豆腐汤，又可与一些蔬菜炒食。在烹制的过程中，冻豆腐的孔洞里会吸进许多汤汁，吃起来不但富有弹性，而且味道也格外鲜美可口。

臭豆腐

臭豆腐是我国特有的发酵食品。在豆腐发酵过程中，蛋白质分解成多种氨基酸，微生物将氨基酸进一步分解，就会产生腐臭味。所以，发酵的时间及程度不同，产生的气味也不一样。全国各地都有用臭豆腐制成的风味小吃。南方以毛豆腐和臭豆腐干为主，北方以臭豆腐乳为主。目前市面上所售的臭豆腐，其制作方式多为将材料置于自然环境中，任其腐败发臭的传统开放式酿造法。有的地方利用纯菌接种的技术，将发酵菌接种到臭卤水培养基中，发酵出卫生、安全的臭卤水，以此臭卤水浸泡豆腐，不但能节省时间成本，而且符合卫生要求，且生产出来的臭豆腐品质及风味更稳定。

在信阳，比较有代表性的臭豆腐出产于商城县、光山县。臭豆腐是用豆腐进行人工发酵后制成的，由于在发酵过程中豆腐表面会长出一层白色茸毛，故也称毛豆腐。臭豆腐在发酵过程中容易受到污染，加之产生的霉菌和挥发性盐基氮对人体有害，因此，臭豆腐一次不能吃得太多，以免引起胃肠道疾病。

苏仙石鸭蛋豆腐干

苏仙石鸭蛋豆腐干为商城县传统风味特产，清朝道光年间，由商城苏仙石人易继奎首创。一说始创于清朝嘉庆年间，第一代创始人是易仲秀。1942年，日军犯境，易家臭豆腐干传人易德增弃家逃难时，不顾其余财物，唯独将装有卤汤的瓦坛带走。后代代相传，传男不传女，据称原汤不易，沿用至今，已有180余年。从此，苏仙石鸭蛋豆腐干长时间都由易姓独家经营，后虽发展至数家，但仍以易家所产最佳。其制作方法、风味特色如下：

该品以豆腐干为原料，是豆腐干经炭火烘烤后，在配方独特的卤汤中卤制而成，因成品有臭鸭蛋味，故名。卤汤使用年代愈久，其味愈醇。成品呈淡绿或淡黄色，有臭鸭蛋味，食之清鲜爽口，畅销于市。一般用青椒或韭菜炒食，或者用麻油凉调。

信阳茶豆干

信阳茶豆干历史悠久，大约在明代中期就有生产。《信阳州志》载：茶豆腐干可以咽茶，他处所不及。据传早期豆干为茶叶上色，其颜色为茶色，称茶豆干。后来演变为上糖色，因其颜色仍像茶色，所以沿用原来的名称。

茶豆干有两种：一种称茶豆腐卷，另一种称茶豆腐干。

茶豆腐卷制作时，首先按豆腐加工工艺处理，制成0.5厘米厚的薄片，然后卷起来，制成长15厘米、直径为3厘米的棒状豆腐卷。茶豆腐干，采用豆腐加工工艺制作。制作时，将已加入凝固剂的豆浆注入长8厘米、宽8厘米的盒状模具中，制成1厘米厚的豆腐块，一盒可制作出20块。然后给豆腐块或豆腐卷刷上糖汁或糖色（也称上色），接下来取出，放在竹子编制的器物上晾干，即成为茶豆干或茶豆卷。

茶豆干既可直接吃，也可作配菜，特点是茶色浓郁、形美。茶豆干既保留了豆腐的固有品质，又增添了茶色的美感，更重要的是通过糖汁上色处理后，保鲜时间长，用刀切出来，边色金黄，内中透白，是信阳各家餐桌上的理想凉拌下酒菜或茶点，堪称美味佳肴。

茶豆干主要销往河南各地，外地也有求购者，年销量数万千克。每逢佳节，更是供不应求。信阳茶豆干在河南享有一定的声誉，被称为地道的信阳名产，深受消费者欢迎。

第三章　信阳菜的烹饪

烹饪，是关于膳食的艺术，是一种将食材转化为食物的复杂而有规律的加工过程，是对食材进行加工处理，使食物更可口、更好看、更好闻的处理方式与方法。一道美味佳肴，必然是色、香、味、意、形、质、养俱佳，不但让人在食用时感到满足，而且能让食物的营养更容易被人体吸收。

"烹饪"一词的含义概括起来说就是：做饭做菜、烧煮食物。"烹"就是煮的意思，"饪"是煮熟的意思。从狭义上说，烹饪是对食物原料进行热加工，将生的食物原料加工成熟食；从广义上讲，烹饪是指对食物原料进行合理选择调配、加工治净、加热调味，使之成为色、香、味、意、形、质、养兼美的，安全无害的，利于吸收、益人健康、强人体质的饭食菜品，既包括调味熟食，也包括调制生食。

中国菜肴的烹饪方法多种多样，据说有数百种之多。从中国菜肴烹饪方法的发展过程看，早期主要是直接用火加工熟食的方法，如燔、炙、烧、烤、烘、熏等，现在则主要是通过锅、油、水、气等介质传热烧煮食物使食物可食用的方法，也可通过泡、渍、醉、酱、糟、腌等化学反应的方法加工食物。此外，随着科学技术的进步，微波炉、光波炉以及空气炸锅被发明出来，相应的烹饪食物的方法也已走入了百姓家，自动烹饪机也开始使用，这些新技术、新工具必将对传统烹饪方法产生影响。信阳菜的烹饪方法的发展演变，与烹饪技术的发展演变进程是一致的。从前面信阳菜的形成和发展历史中可以看出，在信阳菜初步形成时期，即清末民初时期，煮、蒸、炒、拌、腌是其主要烹饪方法；经过清末民初的快速发展，信阳菜的烹饪方法也逐渐丰富起来。

一、信阳菜的主要烹饪方法

通常，制作一道菜品，要经过食材的选择、刀工、调味、制熟等一系列烹饪工序。菜品制熟是烹饪过程中的一个重要环节，直接决定着菜品的特点和形制。《中国信阳菜》一书中收录了230种菜品，使用的烹饪方法有30余种。其中，使用蒸法的菜品有46种，占20%；使用炒法的有34种，占14.8%；使用炖法的有30种，占13%；使用炸法的有28种，占12.2%；使用焖法的有14种，占6.1%；使用烧法的有13种，占5.7%；使用扒法的有8种，占3.5%；使用煮法的有6种，占2.6%；使用煨法的有5种，占2.2%；使用煎法的有5种，占2.2%；使用拌法的有4种，占1.7%；使用烤法的有4种，占1.7%；使用烩法的有4种，占1.7%；使用熘法的有3种，占1.3%；使用卤法的有3种，占1.3%；使用汆法的有2种，占0.9%；使用其他法的有21种，占9.1%。从这一统计结果看，蒸、炒、炖、炸、焖、烧、扒等是信阳菜的主要烹饪方法。需要特别指出的是：第一，这一统计分析结果仅仅依据《中国信阳菜》一书，该书没有对家庭、宾馆、饭店、餐馆等场所中的家庭菜和提供给消费者的菜品使用的烹饪方法做全面的统计分析，所以，这一结论未能全面反映信阳菜的主要烹饪方法。如果对家庭、宾馆、饭店、餐馆中所用的烹饪方法也进行统计分析，对信阳菜的主要烹饪方法的认识是会有变化的。同时也需要指出的是，《中国信阳菜》一书收录的 230 种菜品，是宾馆、饭店、餐馆的厨师制作的最具有信阳地方特色的菜品，也是宾馆、饭店和餐馆近年来向消费者提供最多和最常见的菜品，从这种意义上讲，《中国信阳菜》一书是能够代表信阳菜的烹饪技术现状的。第二，大多数菜品往往需要厨师采用多种烹饪方法进行烹制，对菜品烹饪方法的确定，依据的是菜品烹制过程中使用的主要方法或菜品制成时的方法。基于这两点，在目前没有对信阳菜的烹饪方法做全面、深入的统计分析之前，只能依据《中国信阳菜》一书统计分析得出的结果，认定蒸、炒、炖、炸、焖、烧、扒是信阳菜的主要烹饪方法。

1.蒸。蒸是利用蒸汽传热使食材成熟的烹调方法。蒸制工具有笼屉、甑、箅以及蒸箱、蒸柜等。蒸法一般要求火大、水多、时间短。使用蒸法烹制的菜品富含水分，比较滋润或暄软，极少有燥结、焦煳等情况。采用蒸法时，食材不会在汤水中长时间炖煮，因此制成的菜品营养成分流失少、食材形状保持得比较好。

蒸法起源于陶器时代，最初的蒸器是陶甑，距今已有 5000 多年的历史。《齐民要术》专列了"蒸"之篇，内容涉及蒸熊、蒸鸡、蒸羊、毛蒸鱼菜、蒸藕等。至两宋时期，蒸法有了更多的变化，如裹蒸、排蒸、酒蒸、烂蒸、脂蒸、乳蒸、盏蒸、糖蒸、酿蒸等。到清代又出现了干蒸、粉蒸等。近代还有了煎蒸等法。蒸法因受热方式、手法、配料和调味的不同，分为多种，常用的有干蒸、清蒸、粉蒸三种。干蒸又称旱蒸，即不加汤水直接蒸制的方法。一般是先将加工好的主料在沸水中汆煮一下，捞出用调味料浸渍片刻后码入盛器，摆上配料，盛器中不加任何汤水，以旺火蒸制，蒸熟后再把准备好的调味汁浇在成品上。也有将食材码味后包裹起来蒸制的，不用浇汁，又称包蒸、裹蒸。河南、山东、湖南等地常用此法，如"干蒸全鸡""干蒸鲤鱼"等。此外，甜点制作也常采用此法，如"干蒸莲子""干蒸山药"等。清蒸是蒸制中不用酱油等有色调味品，使成品色泽清淡的方法；或指主料不经挂糊、拍粉或煎、炸等处理而直接蒸制的方法；亦指不加配料蒸制的方法。对细加工的主料可采用不同的方式清蒸：有的下入清汤汆透，再与配料一起调味后，放入盛器蒸制；有的加入清汤蒸制，如鄂菜"清蒸武昌鱼"、苏菜"清蒸鲥鱼"、川菜"清蒸江团"等；有的不加汤汁，在蒸成后浇汁食用，如湘菜的"清蒸甲鱼"等。粉蒸是将主料加工成片状或块状，与炒香的碎粳米（或糯米）粒、调味料和适量汤汁拌匀，装入盛器蒸制的方法，在湖北、江西、湖南、四川为常用之法，如湘菜"粉蒸白鳝"等。为增加菜肴的清香味，也有用荷叶将主料包裹起来蒸制的，如浙菜"荷叶粉蒸肉"等。

蒸法由于能很好地保存原料的营养、便于成形等优势，是最常用的烹饪方法，特别是海鲜、河鲜等高档食材，多使用蒸法。信阳菜使用蒸法，从地域上看，北部多于南部，信阳市中心城区、息县、淮滨使用蒸法较多；从制作形式上看，以清蒸为主。以蒸法烹制的信阳名菜有"霸王别姬""琵琶扣裙边""金钱鳝片""富贵满堂""日月套三环""芙蓉鸡""八宝葫芦鸭""兰花地王舌""丰收红袍穿心莲""蜜汁甜藕"等。

2.炒。炒是以少油旺火快速翻炒小型食材使其成菜的方法。采用该方法时，食材要求形体小，切成薄、细、小的丝、片、丁、条、末或花刀块，以利于均匀成熟与入味。炒制时油量要小，锅先烧热，再滑锅，旺火热油投料，翻炒手法要快而匀。成菜特点是汁或芡均少并紧包食材，菜品或鲜嫩滑脆或干香。

炒法由煎法发展而来，有学者认为炒法产生于西汉，是中国特有的烹饪技法。北魏《齐民要术》中已有"炒"字出现，其中"鸭煎法"有将肥嫩子鸭肉"炒令极熟，下椒姜末食之"的记载。至宋代，炒法应用已很广泛，如《东京梦华录》《梦粱录》《吴氏中馈录》中的"炒白腰子""炒白虾""炒兔"等，而且有了生炒、爆炒等不同炒法。明清以来，又有了酱炒、葱炒、烹炒、嫩炒等炒法，炒法成为使用最广泛的烹调法之一。炒法种类很多，根据技法、传热介质以及调味、调色、配料等的不同，主要分为滑炒、生炒、熟炒、水炒、软炒、小炒等几类。滑炒是主料上浆后用165℃左右的热油滑散至断生，再以少量油与配料（或无配料）、调味料炒制成菜的方法，如"滑炒肉丝""清炒虾仁""过油肉""枸杞头炒肉丝"等；或将主料上浆后用沸水滑散至熟，再炒制成菜，如"滑炒肉片"。生炒，又称煸炒，是生料不上浆、不滑油，直接用旺火热油速炒至断生而成菜的方法，如"炒肉丝""生煸草头"等。经较长时间加热，将原料水分煸干再炒的，称干煸，如"干煸牛肉丝""干煸鳝丝""干煸冬笋""干煸黄豆芽"等。熟炒是将已制熟的食材细加工后直接以少量油炒制成菜的方法，如"回锅肉"等。水炒，多用于蛋类原料，是以水为传热介质，将原料下锅后不断搅动炒制成菜的方法，如海派菜"水炒鸡蛋"、豫菜"老炒鸡蛋"等。软炒适用于液体原料（如牛奶）或加工成蓉泥的固体原料。炒制时将牛奶加蛋清搅成糊状或将蓉泥用清汤瀣成糊状，再用适量油炒成粥状而成菜，如粤菜"大良炒牛奶"、豫菜"炒鸡蓉"、京菜"炒三不粘"等。小炒是原料经码味、上浆，用适量油急火短炒成菜的方法，如川菜"鱼香肉丝""宫保鸡丁"等。

炒是信阳菜最常用的技法之一。在信阳，烹制菜肴叫"炒菜"，可见炒法在信阳菜的烹制过程中使用的广泛程度。特别是在民间，日常做菜多用炒法，制作上以清炒居多。以炒法烹制的信阳名菜有"爆炒鳝丝""锦绣炒鱼线""炒河虾""炒鸡蓉""辣子鸡""腊肉炒黄鳝""清炒咸蛋干""香椿炒鸡蛋""桂花皮丝""韭菜炒豆渣""蓝田玉竹脯""清炒黄心菜"等。

3. 炖。炖是将食材加汤水及调味品，旺火烧沸后用中、小火长时间烧煮成菜的烹调方法。炖法成菜特点是汤汁鲜浓、本味突出、滋味醇厚、质地酥软。

炖法由煮法演变而来，至清代始见于文字记载。《食宪鸿秘》中有"炖豆豉""炖鸡""炖鲟鱼""蟹炖蛋""炖鲂"等。《调鼎集》中炖菜已多见，并且出现了酒炖、白糟炖、神仙炖、红炖、干炖、葱炖等不同炖法。《随园食单》还有赤炖法。现在炖法已广泛应用。习惯上，炖分为隔水炖和不隔水炖两种。隔水炖又有两种炖法：

一种是将食材焯水洗净后放入陶钵或瓷钵中，加清水及葱、姜、料酒，盖上盖并用湿桑皮纸封住缝隙，置于小锅内，盖严锅盖，用旺火烧沸，后转小火炖 3 小时左右，再经调味而成菜。另一种是将盛有食材及汤水的陶瓷器皿置于笼屉中，旺火猛蒸而成，此法又称蒸炖。由于蒸炖食材与汤汁受热稳定，封盖严密，菜肴鲜香味不易散失，汤汁清澈如水。蒸炖代表菜品有"人参炖元鱼""虫草炖乌鱼"等。

不隔水炖也就是清炖，清炖菜是信阳炖菜中的主打种类，就是将食材焯水后洗净，放入陶钵中，加水及葱、姜、料酒，放在旺火上烧沸，撇去汤上浮沫，盖上盖转用小火加热 2—3 小时，再经调味而成的。采用清炖法烹制，食物的营养成分容易溶解，汤色清澈见底。清炖法操作简便，代表菜品有"木耳炖心肺汤""野山菌炖土鸡""冬瓜炖麻鸭""海带炖排骨""板鸭炖山药""野竹笋炖老鹅掌""清汤羊肉""清炖牛肚绷"等。

信阳炖菜除清炖外，还有所谓的炒炖以及浑炖、奶汤炖、侉炖等方法；对于比较特殊的食材，一般还会采取腌制或卤制、煎炸等方法进行前期处理，之后再把食材放入特制炖器中煮炖。所谓炒炖，就是先将要炖的食材炒熟，然后再炖。浑炖时，所用主料都需煸炒、煎炸后炖制，使用的食材种类比较多，不同食材的成熟时间不同，需注意把握好下料时间。采用浑炖法制作的菜品，其汤色和味道丰富多彩，兼容并蓄，不拘一格，代表菜品有"腊肉炖黄鳝""豆腐炖泥鳅""千张炖护心皮""炖筒鲜鱼""黄豆芽炖大肠"等。采用奶汤炖这一方法的时候，食材油炸之前，需拍糯米粉，以便对鱼身等食材起到保护作用，宜用大火加热，如此，煮好的汤汁就会变成人见人爱的奶白色，喝起来浓厚且沾唇。奶汤炖法适用于制作"炖南湾鱼汤""炖鲫鱼汤""炖鱼肚""炖蹄筋"等。若使用侉炖法，则食材要用猪油提前煸炒出香，再加汤小火炖制，香味较浓，代表菜品有"炖面炕鸡""炖小酥肉"等。

信阳炖菜，烹制时一般都是将食材置于汤水中，大火烧开后改为文火慢炖。文火慢炖使食物更有滋有味，风味物质析出至汤汁中，这样的汤汁喝起来香味十足，还能让人体会到食物的本味，便于对食物营养的消化吸收。信阳炖菜，肉烂而不失其形，口感鲜美。

炖法在信阳菜的烹饪中占有突出地位，对信阳菜的形成和发展产生重大影响，不少在外地经营信阳菜的餐馆、酒店干脆打出了"信阳炖菜"的招牌，以此突出其特色、广为招徕宾客。以"无炖不成席"著称的信阳市商城县，更是在2014年5月被中国烹饪协会授予"中国炖菜之乡"荣誉称号，这在全国属首次。

信阳炖菜凸显了信阳菜的养生滋补功效，是养生信阳菜的优秀代表，其以食材考究（所选用食材多为信阳出产的天然原生态食材）、文火慢炖、汤菜各半、酥烂鲜香、浓郁醇厚见长，可以说，信阳炖菜，就是信阳的厨师们力求用最细心周到的态度和娴熟的技法对豫南大别山区的生态食材所作的最精致的表达，广受消费者的喜爱。

4. 炸。炸是将食材置于多量食油中旺火加热使其成熟的烹调方法。炸法成菜特点是酥、脆、松、香。炸法出现于青铜炊具诞生之后。唐代称炸法为油浴，如"油浴饼"。《卢氏杂说》上还记载了一位炸制技术十分精湛的尚食令的故事。至宋代，炸法应用已很普遍，菜品如"油炸鲂鱼""油炸假河豚""油炸鱼茧儿""炸肚山药"等。此后，炸法成为主要烹饪方法之一，清代以前，焯水也称炸。清人翟灏的《通俗编·杂字》谓："今以食物纳油及汤中，一沸而现曰炸。"现在，炸法专指油炸。炸法根据所用的食材质地及其操作工艺的不同，分为清炸、干炸、软炸、酥炸、卷炸、包炸、特殊炸等多种形式。清炸是食材不经挂糊、上浆，码味后即投入油锅内炸制的方法。一般是先用165℃左右的油把食材炸至八成熟捞出，再入255℃左右的热油中复炸一遍成菜，如鲁菜"清炸大肠"、豫菜"炸八块"等。干炸是食材码味后经拍粉或挂糊，再入油锅炸制的方法，如苏菜"干炸刀鱼"、京菜"干炸里脊"等。软炸是将软嫩的小块食材用调味品拌渍后，挂薄糊入油锅炸制的方法。通常先用165℃左右的油炸至断生，再用225℃左右的热油复炸后即可出锅，如豫菜"软炸小鸡"、川菜"软炸子盖"等。酥炸是将调味后经煮或蒸至熟烂的食材挂全蛋糊（或不挂）用油炸制的方法。一般用195℃左右的油，炸到外层呈深黄色并发酥为止，如苏菜"香酥鸭子"、粤菜"酥炸脄肝"等。此外还有将原料拌渍后挂蛋泡糊进行炸制的松炸，如"炸凤尾虾"；把加工成的小型食材用调味品拌渍后，再用其他食材（豆腐衣、蛋皮、猪网油等）包裹或卷起来进行炸制的卷炸，如"炸春卷"；用无毒的玻璃纸包裹起来进行炸制的纸包炸，如"纸包虾仁"等。

信阳菜使用炸法主要集中在水产品的烹饪上。以炸法烹制的信阳名菜有"刳卷酥鳝""金蛇闯蝎山""珊瑚鳜鱼""脆炸鱼糕""凤尾虾""绣球鸡蛋酥""粟米地菜球"等。

5. 焖。 焖是将经初步熟处理的食材加汤水及调味品后密盖，用中小火较长时间烧煮至酥烂而成菜的烹调方法，多用于烹饪具一定韧性的鸡肉、鸭肉、牛肉、猪肉、羊肉，以及肉质较为紧密细腻的鳖、螺及部分海产品等。

焖法由烧、煮、炖、煨演变而来。焖法始见于宋代《吴氏中馈录》中；元代《居家必用事类全集》中记有焖制方法；明代《遵生八笺·饮馔服食笺》上开始出现"焖"字，如"水煤肉"条中的"蒲盖焖，以肉酥起锅食之"；清代"焖"字应用已多，如《随园食单》"鸭脯"条中的"用肥鸭，斩大方块，用酒半斤、秋油一杯，笋、香蕈、葱花焖之"。焖的基本程序是先对食材进行初步成熟处理，处理时需根据食材质地，选用焯水、煸炒、过油等法，然后进行焖制。用陶瓷炊具焖时要加盖，有时甚至要用纸将盖缝糊严，以保证锅内恒温，促使食材酥烂。焖时要注意经常晃锅，以防食材粘锅底。焖菜一般不勾芡，汤汁自行黏稠，有些也可在出锅时勾芡，有的可淋明油装盘。焖法成菜特点是质地酥烂，滋味醇厚香美，汤汁稠浓，形态完整，入口软滑。

信阳菜中用焖法烹制的名菜大多来自民间，如信阳名菜中的"泥鳅焖大蒜""粉皮焖鸡""焖罐肉"等都来自民间，"香糟焖大虾""水晶鹅掌""糖醋焖蛋"等则是宾馆、饭店创制的。其中"粉皮焖鸡"原是信阳山区百姓招待客人时经常烹制的菜肴。20世纪七八十年代，"粉皮焖鸡"开始出现在信阳的一些家庭餐馆中，受到消费者的喜爱，"粉皮焖鸡"也迈出了从民间走向社会的第一步。之后，信阳一些餐馆，主要是一些中、低档餐馆陆续向消费者提供"粉皮焖鸡"这道菜。尽管"粉皮焖鸡"在烹饪上还有待改进和提高的地方，但其信阳地方风味浓郁，是值得品尝的。信阳焖菜代表性的菜品还有"焖元鱼""腊肉焖莴笋""焖鱼杂""焖老公鸡""板栗焖鸡""焖野兔""焖牛腱""焖羊肉""焖腊排""焖腊猪腿"等，这些无一不是餐桌上的爆款养生信阳菜。

6. 烧。烧是将经过初步熟处理的食材加适量汤（或水）用旺火烧开，中、小火烧透入味，旺火收汁成菜的烹调方法。烧菜的汤汁一般为原料的1/4，并勾入芡汁（也有不加芡汁的），使之黏附在原料上。烧法成菜特点是卤汁少而浓，口感软嫩而鲜香。

古代烧法有不同的内涵。最初指将食材直接上火烧烤成熟，后来，将食物封于锅中，在锅下加热，亦称烧。到南北朝时期，出现了烧饼之类的食物，这类食物的制作使用的是一种入炉炙烤烧熟的方法。宋元时开始有了汤汁烧法，如烧猪脏、烧猪肉等。到了清代，烧法的应用十分广泛，许多菜肴都采用了烧的烹饪方法，如"烧肚丝""烧皮肉"等，同时还出现了红烧、煎烧等烧法。近代的烧法多种多样，变化很大。以色泽分有红烧、白烧，以风味分有葱烧、酱烧、糟烧，此外还有老烧、干烧等烧法。其中常用的是红烧、白烧、软烧、干烧、葱烧等。红烧是因成菜色泽为酱红色或红黄色得名，适用于色泽不太鲜艳的食材。食材一般要先经过焯水、过油、煎炒等制成半成品，再用汤和带色的调味品，如酱油、糖色等烧成金黄色，或柿黄色、浅红色、棕红色与枣红色，最后勾入芡汁（或不勾芡汁）收浓即成。如豫菜"红烧鲤鱼"、鲁菜"红烧肉"、川菜"红烧鱼唇"、湘菜"红烧寒菌"等都是红烧。白烧是将食材经过汽蒸、焯水等初步熟处理后，加汤或水及盐等无色调味品进行烧制的方法。汤汁多为乳白色，勾芡宜薄，使其清爽悦目、色泽鲜艳，如豫菜"烧二冬"、京菜"烧素四宝"等都是白烧。软烧是将经过汽蒸、焯水的原料直接烧制成菜的方法。使用软烧，要先把食材用有色的调味品煮上色，然后添汤烧制。如豫菜"软烧肚片"、京菜"软烧羊肉"、鲁菜"软烧豆腐"等都是软烧。干烧是成菜汤汁全部渗入食材内部或裹覆在食材上的烧制方法，多为红烧。烧制时，要先将原料炸或煎上色后，再用中火慢烧，将汁自然收浓，见油不见汁。干烧在风味上有辣味和鲜咸的区别，如川菜"干烧岩鲤"、豫菜"干烧冬笋"等都属于干烧。葱烧是将食材经焯水等初步熟处理后，加入炸黄或炒黄的葱段、焖葱油及其他调味品烧制成菜的方法。也有把炸葱加汤蒸制后放在烧好的主料一边，用蒸葱的汤汁勾芡浇在主料上的做法。葱烧一般是烧成红色，成菜特点是油亮光滑，葱香浓郁，如京菜"葱烧海参""葱烧蹄筋"等。

信阳菜使用烧法主要是红烧，代表性的菜品有"红烧元鱼""烧鳝鱼片""烧鲫鱼""赛鲜鲍""烧大肠""东坡豆腐""琥珀淮山药""山珍羊素肚"等。

7. 扒。扒是将经过初步熟处理的食材整齐入锅,加汤水及调味品,小火烹制收汁,保持原形成菜装盘的烹调方法。所有用扒法烹制的菜肴,所用大多为高档原料,如鱼翅、海参等;或使用整只、整块的鸡、鸭、肘子等;或用经过刀工处理的条、片等形状的动植物食材。使用扒法,主料都要先经过汽蒸、焯水、过油等初步熟处理,有时需要用多种烹饪技法,使其入味后扒制。扒制前食材要经过拼摆成形处理,使其保持较整齐美观的形状。食材下锅时应平推或扒入,加汤汁也要缓慢,或沿锅边淋入,以防菜形散乱。烹制时要用小火,避免汤汁翻滚影响菜形完整;如需勾芡,则用淋芡、晃锅的方法处理。有的菜肴是在烹制完成后,主料装盘,留汤汁收浓后浇在主料上。使用扒法烹制的菜品特点是主料软烂、汤汁浓醇、菜汁融合、丰满滑润、光泽美观。

扒法有多种,最常见的是用炒锅或砂锅扒制。炒锅扒即直接用炒锅扒制成菜,也有在锅中用竹箅扒制的。用竹箅扒制,一般要先将主料焯水后排在竹箅上,用切成大片的猪肘或鸡腿等覆盖,入锅加汤汁烹制,至汤汁浓稠,取出猪肘或鸡腿等,将主料扣入盘中,再将汤汁收浓浇上,如豫菜"白扒鱼翅"等。砂锅扒是将主料用纱布包住,与鸡腿、肘子等一起放进砂锅,并用鸡骨、猪骨、竹箅等垫底,加汤烧至主料软烂入味时取出,放入盘内,同时整理菜肴形状,另外起锅将原汤汁勾芡浇上,或者是将主料放入砂锅内,上面放上纱布包好的鸡腿、猪肘,扒制成菜,如"扒海参"等。根据初步熟处理方法的不同,扒有先蒸后扒的,即主料经煮或炸后放在碗内,加入配料、调料和汤汁,上笼蒸熟后用原汤汁扒制,如豫菜"扒窝鸡";或将主料蒸熟后,直接扣入盘内,用蒸时的原汤汁勾芡后浇上成菜,如鲁菜"扒雏鸡"。也有先煎后扒的,即把主料两面煎黄后再扒制,如豫菜"煎扒青鱼头尾"。根据菜肴成品色泽的不同，扒有用无色调味品进行扒制的白扒，如清真菜"白扒鸡肚羊"、豫菜"白扒鱼翅"等；也有用有色调味品进行扒制的红扒，如"红扒羊肉"。使用扒法制作的最著名的菜是浙菜"扒烧整猪头"。据传，乾隆年间，扬州瘦西湖法海寺附近有一家餐馆烧的猪头很好吃，在瘦西湖一带颇有名气，但秘诀从来不外传，远近游客皆喜尝之。当时有一名姓乌的厨师与烧猪头厨师是知己，终获好友秘传，自己也改做烧猪头出售，从此，"扒烧整猪头"就成为扬州一大名菜。

信阳菜中使用的扒法主要是炒锅扒，用扒法烹制的名菜有"白扒鱼翅""扒海参""红扒鱼头""葱扒羊肉""扒竹荪""扒猴头"等。

二、信阳菜的其他烹饪方法

信阳菜的烹饪方法除以上 7 种主要方法外，煎、煨、烩、烤、拌、熘、卤、汆 8 种方法也是使用较多的方法。

1. **煎**。煎是将食材平铺于锅底，用少量油，加热使食材表面呈金黄色而成菜的烹调方法。使用煎法，食材生熟要均匀，须加工成扁平形，有的则视需要可先上浆、挂糊或拍粉再进行煎制。食材可先码味，或煎时烹汁调味，也可煎成后拌味、蘸味食用。煎制时，一般要求先煎一面再煎另一面；油量以不淹没食材为适宜；采用晃锅或拨动的手法，使食材受热均匀，色泽一致。煎法成菜特点是不带汤汁，外酥脆里软嫩。

煎在古文献中有多种含义，常指熬、煮、烧等法。至北魏时煎始成为独立的烹调技法。如《齐民要术》记载的"鸡鸭子饼",就是将蛋液下入"锅铛中,膏油煎之,令成团饼";"鱼肉饼"也是将鱼肉制成蓉泥,"手团作饼,膏油煎之"。南宋《山家清供》出现挂糊煎。《岭外代答》上记有岭南煎鱼不加油,利用鱼身析出的油煎制的自裹煎法。元代出现酿煎,如《居家必用事类全集》上的"七宝卷煎饼",明代称其为"藏煎"。至清代又出现了酥煎、香煎等法。根据加工方法和调味品的不同,煎法有干煎、糟煎、酒煎、水油煎、酥煎、酿煎多种类型。干煎是将主料渍腌入味,均匀地裹上面粉(或芡粉)、鸡蛋液,用少量油将原料两面煎成金黄色的方法,采用此法烹制的菜肴有鲁菜"干煎鱼"、豫菜"真煎丸子"等。也有煎过之后用少量调味汁收干的,如京菜"干煎鱼"、粤菜"干煎虾碌"等。糟煎是先糟腌主料后煎制的方法,如豫菜"煎糟鱼"、苏菜"糟煎白鱼"等。酒煎是先以酒腌渍主料后煎制的方法,如"酒煎鱼"。水油煎是将原料坯整齐地排入平锅内,先洒少量的稀面水焖熟,至水耗尽后再用油将一面煎成金黄色的方法。酥煎又称蛋煎,是将食材上浆后沾以面包屑(或馒头屑)煎制的方法,如"煎鳜鱼片"。酿煎是将食材酿入馅料后煎制或再经挂糊后煎制的方法,如苏菜"煎蟹盒"、鲁菜"煎肉盒"等。

信阳菜使用煎法烹制的名菜有"软兜鳝鱼""香酥肥鸭""荠菜煎蛋饼""珊瑚肉丝""鱼皮豆腐"等。

2. 煨。煨是将食材加多量汤水后用旺火烧沸,再用小火或微火长时间加热至食物酥烂而成菜的烹调方法。煨法适用于质地粗老的动物性原料。炊具有时用陶制器皿,如砂锅、陶罐,甚至陶瓮、坛子等。调味料以盐为主,不勾芡。使用煨法烹制的菜品特点是:主料软糯酥烂,汤汁宽而浓,味道鲜醇。

　　煨原指将食材埋入火灰中加热使之成熟的方法，现多指原料入锅中加汤水制成带汤汁菜肴的方法。煨法由熬、煮演化而来，始见于清代的《食宪鸿秘》。《随园食单》中汤煨法应用已很广，如"海参三法"条中称"大抵明日请客，则先一日要煨，海参才烂"，鲍鱼则"火煨三日，才拆得碎"，其他如鱼翅、淡菜、乌鱼蛋、猪头、猪蹄、猪爪、猪筋、猪肚等，该书均指出要加汤水"煨烂"。该书还提到红煨、白煨、清煨、汤煨、酒煨等不同的方法，并有"黄芽菜煨火腿""蘑菇煨鸡""红煨鳗""汤煨甲鱼"等菜式。清代《调鼎集》中所收录的煨法菜更多。煨法与炖法相似，不同之处在于煨法须在旺火烧沸后改用小、微火乃至炉火余热进行长时间加热，有时甚至要加热 24 小时以上，直至原料酥烂为止。调味注重突出食材本味，仅用盐、姜、葱、酒，红煨时才用酱油、冰糖等。即便如此，一般也要在食材酥烂后再下调味料。这样，既可保持食材的原汁原味，使营养成分不致散失，又可为成品增添独特风味。"天津坛肉"是天津历史名菜，以文华斋所制最为有名，系选用猪带皮五花肉与酱豆腐等多种调料，装入平肩瓷坛内煨烧而成。因坛口密封，隔绝空气，既保持了食材的原汁原味，使营养成分不散失，又为成品增添了独特风味。

　　信阳菜用煨法烹制的名菜有"芦荟双鞭""银兴鸡丁""煨葫芦"等。20 世纪八九十年代以前，由于受多方面条件的限制，信阳多数农村地区，加工制作鸡、鸭、鹅和猪、牛、羊等动物性食材时，多采用煨法。成品汤厚肉烂，易消化吸收，尤其受老人、孩子和病后康复期人员欢迎。

　　3.烩。烩是将几种食材混合在一起，加汤水用旺火或中火烧制成菜的烹调方法。烩制前食材要用刀处理得大小相近，并经焯水、过油等初步熟处理，个别鲜嫩易熟的食材也可生用。使用烩法烹制菜品，一般都在食材下锅前先起油锅或用葱、姜炝锅，食材下锅后加水或汤，旺火烧煮，至汤汁见稠即可，一般要勾芡。使用烩法烹制的菜品特点是汤宽汁稠，口味鲜浓或香醇，口感软嫩，等等。烩制菜肴，主料有上浆和不上浆之分。用生料烩制菜肴，生料经过细加工后，需要上浆或经过滑油后再用汤烩制；用熟料烩制菜肴，熟料经过细加工后，以汤直接烩制。烩菜的主料与汤的比例基本相等或主料略少于汤汁。烩菜汤汁较多，除清汤烩菜不勾芡外，其他烩制菜肴一般都要勾芡。因此，勾芡是烩菜与其他汤菜的不同特征之一。在加热过程中，主料不可久煮，汤开即勾芡，一般勾薄芡，以保持主料的鲜嫩和软滑。

信阳菜使用烩法，因所处县区不同而有所不同。信阳城区使用烩法时主料不上浆，固始县使用烩法时主料大多上浆。信阳菜使用烩法烹制的名菜有"豫南杀猪菜""烩绿豆丸子""大烩菜""烩三鲜"等。

4.**烤**。烤是利用柴草、木炭、煤、可燃气体、太阳能、电等产生的热能，使食材成熟的烹调方法。烤制过程中一般不进行调味，通常食材在烤前先进行码味处理，如"叉烤鱼"就是将鱼腌渍入味后再烤制成菜的；有的烤制成熟后搭配调味品食用，如"烤鸭"佐以葱段、甜酱等；有的则现烤现吃，如"烤羊肉串"。使用烤法烤制的菜肴的特点是外皮酥脆、内里鲜嫩或酥烂。

烤法是最原始的烹饪法之一。据考古资料，考古人员在周口店遗址发现了被烧制后食用的动物的骨骼。后来出现了将食材移至火焰之外的烤法，古称之为"炙"。《诗经·小雅·瓠叶》："有兔斯首，燔之炙之。"烤制名菜，历代均有，如商代的"烤羊"、周代的"牛炙"、汉代的"烤肉串"、南北朝的"炙豚"、唐代的"光明虾炙"、宋代的"烧羊"、元代的"柳蒸羊"、明代的"炙蛤蜊"、清代的"烧鸭子"等。在魏晋南北朝时，烤法有很大的发展。据《齐民要术》记载，当时有貊炙、衔炙、范炙、酿炙等十多种明炉烤法。烤制食物时，通常先将生食材进行修整，或腌渍，或加工成半成品之后再行烤制。整只或大块的动物性食材则需经过烫皮、涂糖上色、晾皮等处理，有的还需用猪网油、黄泥等包裹后再行烤制。烤制食物时一般使用特制的烤炉，根据烤炉的不同，烤法可分为明炉烤、暗炉烤两类。明炉烤包括叉烤、挂炉烤、炙子烤等。叉烤就是用特制的烤叉穿过食材，然后置于明火上烤制，用此法制成的菜品如粤菜"烤乳猪"、苏菜"叉烤鱼"等；挂炉烤就是把食材用挂钩钩吊起来后挂在敞炉中烤制，适用于体积较大、烤制时间较长的食材，用此法制成的菜品如北京"挂炉烤鸭"、新疆"烤全羊"等；炙子烤就是把食材置于特制的烤肉炙子上边烤边吃，适用于体积较小的食材，用此法制成的菜品如北京"烤肉"。暗炉烤又称焖炉烤，是将食材挂在烤钩上，或放在烤盘里，然后送进可以封闭的烤炉内烤制的方法。暗炉烤烤制过程中温度稳定，原料受热均匀，食材烤制时间较短。北京"焖炉烤鸭""烤面包"等多用此法。

信阳菜中使用烤法烹制的名菜有"叉烤鳜鱼""信阳烤鱼""烤方肋""烤羊排"等。

5. 拌。拌是用调味料直接调制食材使其成菜的烹调方法。拌菜多数现吃现拌，也有的先用盐或糖码味，拌时挤去汁水，再调拌食用。因调味品不同而有多种拌法：有的仅用盐或酱、糖调拌，有的用芝麻油、酱油、醋调拌；有的事先兑制好调味汁再调拌；有的在基本调味的基础上另加蒜泥或葱油、椒油、姜末、芥末、辣椒糊、腐乳汁、虾油、芝麻酱等调味料调拌。菜品特点是口感鲜嫩或柔脆，清利爽口。

拌法由生食加调味法演化而来。《礼记》记有"芥末酱拌生鱼片"。

《齐民要术》中有"新韭烂拌,亦中炙啖"。至宋代,《吴氏中馈录》中记有拌菜调味汁的制法。到清代,拌法应用已很广泛,并出现拌制各种动物性食材的菜品,如"拌鸡皮""拌鸭舌"等。根据食材生熟不同,有生拌、熟拌、生熟拌;因拌时温度不同,有凉拌、温拌、热拌;因拌时技法变化,有手拌、捶拌、清拌、烫拌、锁食拌(云南特有方法,即取鸡蛋4个打散,加精盐、味精、酱油、麻辣油、炒芝麻、芝麻油等搅拌并打成泡糊,加醋调匀成锁食料,然后以其拌制菜肴)等。拌菜多数生用、冷吃,制作时要注意食材必须新鲜,制作过程中和成菜后须防污染,调味料必要时也要经过加热消毒。

信阳菜中使用拌法烹制的菜品有"凉拌皮丝""蒜蓉苋菜""香菜拌木耳""拌鸡胗""姜汁皮蛋"等。

6. 熘。熘是将烹制好的熘汁浇淋在预熟好的主料上,或把主料投入熘汁中快速翻拌均匀成菜的烹调方法。此法适用于新鲜的鸡、鸭、鱼、牛肉、猪肉、羊肉、蛋,以及质脆鲜嫩的蔬菜类食材。用熘法烹制食物时,常用过油、汽蒸、焯水等法做初步熟处理,多旺火加热,快速操作,以保持主料酥脆或滑软、鲜嫩等口感特点。

熘法由南北朝时期的"白菹"和"臆鱼"法演化而来。宋元时期的"醋鱼"为后来的熘法奠定了制作基础。明清时期始称"搂"或"熘",如"醋搂鱼""醋熘鱼"等。根据加工方法及成菜风味的不同,熘法可分为焦熘、滑熘、软熘等。焦熘是主料码味后挂糊,下油锅炸至外部酥脆、内部软嫩,再将熘汁浇淋在主料上,或者与主料一起迅速翻拌均匀成菜的方法,菜品如苏菜"松鼠鳜鱼"、粤菜"糖醋咕噜肉"等。滑熘是主料上浆后用温油或沸水滑透,再与熘汁一起翻拌成菜的方法,成菜滑嫩鲜香,菜品如豫菜"滑熘鱼片"、鲁菜"滑熘里脊"等。软熘是先将主料直接在温油中浸炸，或蒸、烫、汆、煮至熟，然后根据不同菜肴的要求，或将烹制的熘汁与主料翻拌在一起，或浇淋在主料上面而成菜的方法，成品具有软嫩如豆腐的特点，菜品如浙菜"西湖醋鱼"、豫菜"软熘鲤鱼"等。

信阳菜中使用熘法烹制的菜品有"毛尖熘鱼片""熘变蛋"等。

7. 卤。卤是将食材用卤汁以中小火煨、煮至熟或烂并入味的烹调方法。适用此法的食材有猪、牛、羊、鸡、鸭、鹅及其杂碎，各种蛋类，以及香菇、蘑菇、豆干、百叶、素鸡等。使用卤法，一般是将食材洗净后直接入卤汁卤制，有的也可先腌后卤。卤制品称卤货或卤菜。因卤汁多用香料调配制成，卤菜具有醇厚浓郁的鲜香味，宜于下酒。卤菜一般晾凉后食用，常作筵席冷盘，也可以热吃，有时也用作菜肴原料。

卤法约源于先秦时期。至北魏，《齐民要术》引《食经》的"绿肉法"，属卤制法，即将猪、鸡、鸭肉切成方块，用盐、豆豉汁、醋、葱、姜、橘皮、胡芹、小蒜作调味料一起煮制而成。至宋代，《梦粱录》上出现"卤"的名称，如"鱼鲞名件"之一的"卤虾"。清代的《随园食单》《调鼎集》上记载了"卤鸡""卤蛋"等，并记载了卤料的配方和卤制方法。卤汁的配制，需用多种香料及调味料，卤菜必须用卤汁。卤汁又称卤汤，第一次使用时现配，用后保存得当，可以继续使用。经常用于制作卤制品并保存完好的卤汁，被称为老卤。卤汤使用一定次数后，要根据卤汤味道、色泽、咸淡适当添加水、香料和其他调味料。用老卤卤制的食物，滋味更加醇厚。卤可分为红卤、白卤、清卤（又称盐水）等类。老卤的保存，关键在于防止污染导致的发酵变质。保存老卤的常用的方法是卤制品出锅后，滤清卤汤里的肉渣，再将卤汤烧沸，然后将卤罐从火上端下，待其自然冷却后再将卤罐盖好，放到阴凉避光处存放。

卤法在信阳菜中主要用于烹制凉菜，红卤是主要形式。红卤菜肴的制作关键，一是卤料（信阳人称之为卤药）的配制，二是卤汤时间的长短。在信阳，信阳市中医院配制的卤料较受欢迎。信阳菜中使用卤法烹制的菜品有"卤老鳖""卤鸡""卤咸鱼""卤猪蹄""卤猪肝""卤猪耳""卤猪尾""卤牛腱""卤牛肚""卤牛百叶"等。

8. 汆。 汆法是将小型食材在沸汤中快速煮熟的烹调方法。汆法多用于制作汤汁多的菜品，有的原汤供食，称汆汤，有的换清汤上桌。汆法也用于食材的初熟处理，既适用于动物性食材，如牛、羊、猪的肚、头，鸡、鸭、鹅的肫、肝，仔鸡仔鸭的脯肉，海产贝类，以及畜、禽和鱼、虾肉的蓉泥制品；也适用于植物性食材，如冬笋、鲜菇以及菜心等，均须新鲜。汆制前，大型食材需切成丝、片或花刀块，以利于快速成熟，并使成熟度一致。汆时一般不上浆、不挂糊。使用汆法烹制的菜品在调味方面有的先码味，有的在汤中调味，也有的在成菜后蘸调味料食用。使用汆法烹制的菜品特点是清鲜、柔脆或软嫩、适口。

汆法始见于宋元时期文献。如宋代的"汆鸡""清撺鹌子""清撺鹿肉""蝌蚪撺鱼肉""改汁羊撺粉"等，元代的"熄肉羹""青虾卷熄"，明清时期有"生爨牛""爨猪肉""熄蟹"等，并有了以肉制成丸子后汆制的记载，如"水龙子"（即汆丸子）、"汆鱼圆"等。现代汆法主要有两种，一是清汆，二是混汆。清汆是将主料投入沸水中快速汆透，捞入汤碗内，另加新鲜清汤，调味后食用，如浙菜"西湖莼菜汤"、川菜"清汤腰方"等。也有将主料焯水后再放入清汤的，如陕西菜"清汤里脊"、甘肃菜"猴头过江"、粤菜"清汤爽口牛丸"等。混汆是先将清汤烧沸，再把主料投入，待汤沸料熟后装盘食用，如四川、山东、河南等地的"氽丸子"，苏菜"莼菜氽塘鳢片"等。"清汤爽口牛丸"是广东东江使用氽法烹制的传统名菜。牛丸制作的技法由周代"八珍"中的"捣珍"演变而来，客家人的祖先从中原迁徙到广东时，也将此技艺带到广东。

信阳菜中使用氽法烹制的菜品有"氽双脆""氽鱼丸""鸽蛋氽皮丝""生氽牛肉丸"等。

此外，火锅在信阳菜中也十分独特。既是餐具又是炊具的火锅可以说是中国饮食文化中的国粹。火锅是北方的说法，在南方有的地区称"暖锅"，在广东则称"打边炉"或"御寒生馔"，又名"锅边炉"。最有名的火锅是北京的涮羊肉和四川的麻辣火锅。全国各地的火锅制法与吃法基本相同，但所用食材、蘸料品种各异。火锅的吃法北方称"涮"，南方称"烫"。无论"涮"也好"烫"也罢，都是食用者将备好的食材加入沸汤中，来回晃动至熟，然后食用的烹调方法。火锅中备汤水，供涮制用。食材需先加工成净料，肉类要经刀工处理成薄片。调味料一般有芝麻酱、料酒、腐乳卤、酱油、辣椒油、卤虾油、腌韭菜花、芫荽末、葱花等，分置在容器中，由食用者自己用小碗调制成蘸料，边涮边蘸边吃；也有将调味料直接放入汤中的。关于涮法的记载始见于南宋林洪《山家清供》的"拨霞供"条。北京涮羊肉历史悠久，17世纪中叶，清宫御膳菜单上的"羊肉片火锅"就是涮羊肉。后来乾隆年间所办的几次千叟宴，也均有涮羊肉火锅。另有一说，认为涮羊肉为回族清真菜的传统风味，多见于华北、西北等地。在民间，每到秋冬季节，人们普遍喜食涮羊肉。据清代徐珂《清稗类钞》载："（京师）人民无分教内教外，均以涮羊肉为快。"清咸丰四年（1854），北京前门外的正阳楼开业，这是第一家出售涮羊肉的汉民馆。民国初年，北京东来顺羊肉馆用重金把正阳楼切肉师傅请去，专营涮羊肉，从选料到加工均做了改进，因而声名大振，赢得了"涮肉何处嫩，首推东来顺"的赞誉。据最新考古发现，早在 2000 年以前，长江流域就有了陶制的火锅。从出土的陶制的火锅看，早期人们使用火锅，主要是为了加热食物或者使食物保持一定的温度，而不是将食物涮熟。信阳人使用火锅，仍保留着原始的状态，主要目的不是将食物涮熟食用，而是防止加工好的食物凉了，使食物一直保持比较合适的温度、滋味和香气。因此，信阳火锅无论是制法还是吃法，同全国其他地方都有明显不同，更像是用火锅炖或烩制食物。

此外，腌制菜在信阳菜中也占有一定的比重。过去，受生产技术和保存条件等的限制，信阳人为了保证冬春季等供应短缺季节生活的需要，大多采用腌制法对食材进行加工保存，秋冬季节是制作腌制菜的高峰期，每年霜降过后（天气转凉之后才能保证腌制菜的质量），腌制菜就成为城乡的一道风景。用动物性食材腌制出的主要有腌腊肉、腌腊鱼；可供腌制的植物性食材的种类和规模就要壮观得多，腌制的箭杆白、萝卜干几乎家家必备，腌制的雪里蕻也占一定比重。对植物性食材的腌制要领一般为：洗净、晾半干、码放进缸瓮中（一般是摆放一层食材后撒上一层盐）、用石块压实、缸瓮口加盖，一二十天以后即可完成。春季的腌制菜主要为腌蒜薹、腌蒜瓣，到了夏季则主要腌制豇豆、黄瓜、辣椒等（腌制蒜薹、蒜瓣、豇豆、黄瓜、辣椒等原料时，不需用石块压实，只需让盐分布均匀、密封所用器具的入口防止氧气进入即可）。这些腌制菜，有的食用时一般要加入其他食材（也有用一种腌制菜进行单独炒制的）进行再加工，如"肉末炒箭杆白""黄豆炒箭杆白"麻虾炒箭杆白""豆腐渣炒箭杆白""肉末炒雪里蕻""肉末炒酸豇豆""卤牛肚炒酸辣椒"等；有的如腌蒜薹、腌蒜瓣、腌黄瓜等则可直接食用；还有一些，则是采用搓揉的方式短时间腌制的，挤出水分即可食用，如腌荆芥、腌冬韭菜、腌萝卜丝等，这种腌制菜是传统的佐餐、开胃小菜，一直受到人们的喜爱。

第四章　信阳菜的菜品

中国地方菜，虽然历史悠久，但定型较晚。信阳菜由传统菜、家常菜和市场创新菜构成，讲究"素瘦荤肥"，即素菜讲究清淡，荤菜讲究色香味浓，特点是鲜、香、爽、醇，它的问世和走俏顺应了绿色、时尚、健康的餐饮潮流。

一、信阳菜的代表性菜品

（一）水产类菜品

清炖南湾鱼头

"清炖南湾鱼头"是信阳菜中一道著名的炖菜，无论是民间，还是宾馆、饭店都有这道菜。南湾湖景区是信阳 AAAA 级风景区，是我国少有的几个未受污染的湖区之一。湖中鱼类丰富，最著名的有鳙鱼、鲫鱼等。"南湾鱼"已在国家市场监督管理总局获得注册商标，是省内外知名品牌。

此菜用南湾天然水和水里生长的鳙鱼（南湾白花鲢）炖制而成。南湾白花鲢素有"美在腹、味在头"之说。这道菜的特点是甜鲜可口、肉质软嫩，鱼头部富含DHA，硒含量是普通鱼的6至8倍。淡白色的鱼汤犹如

玉液琼浆，突出汤面的鱼头胜似琉璃墨玉。清炖南湾鱼头，就是这样一道营养与外观兼修的美味佳肴。

主料：南湾湖所产3—4千克的鳙鱼（花鲢）鱼头1.2千克，饮用水4千克，以信阳市南湾湖湖水为最佳。

辅料：花生油30克，料酒20克，盐8克，姜片30克，大茴叶子4克（信阳特有的鱼调料），葱结30克，芫荽5克，胡椒2克。

制作方法：（1）将洗净的鱼头一分为二，剁成4块。（2）锅内下花生油30克，下入鱼头，煎至微黄，加入山泉水或饮用水4千克。（3）放大葱结、姜片，大火烧开，撇去浮沫，炖至汤呈奶白色，加入盐和大茴。（4）大火炖至鱼头熟透，呈鱼肉离骨状。（5）将整份菜肴盛入砂锅，捞出葱结和姜片。上桌时外带胡椒、芫荽。

特点：汤色奶白，淡淡清香，滋味鲜美，黑白相间，细嫩爽口。

潢川县黄岗鱼汤

潢川县黄寺岗镇位于潢川东20公里处，交通便捷，境内水资源丰富，水质优良，素有"鱼米之乡"之美誉。

黄寺岗人素有良好的饮食习俗，随着渔业资源的逐步丰富，以黄寺岗老厨师张德富为首，开始研究和改进黄寺岗本地鱼的做法，经过努力，终于推出了今天为人们所熟悉的"黄岗鱼汤"。

主料：无污染深井地下水和自然生长的野生"胖头鱼"。

制作方法：（1）取本地生态鱼塘出产的胖头鱼为主料。

（2）宰杀后切割分块，鱼块厚度为4—5毫米，大小和厚薄均匀。（3）将切割好的鱼块进行腌制，腌制时间大约12分钟。（4）将腌制好的鱼块与适量的胡椒、淀粉进行搅拌。（5）进行鱼汤底料铺垫，即在热油中放入秘制底料、葱、姜末、适量辣椒进行炸底，再放入水，达到沸点以后，将鱼块放入锅中，小火炖2—3分钟即可（鱼块漂起）。

特点：味道鲜美，营养丰富，食而不腻，健脑提神，适合不同人群食用。

烧鲫鱼

"烧鲫鱼"是一道民间菜。信阳盛产河鲜，食用河鲜的历史悠久。据传在春秋战国时期，信阳就有许多用鱼烹制的菜肴。鲫鱼在古时叫

鲋鱼。据清乾隆《商城县志》记载，在清代，"烧鲋鱼"是信阳民间婚宴上必上的一道菜。用两条一样的鲋鱼烧制，烧好后放在用生菜铺底的盘内。因"鲋"同"夫""妇"谐音，"烧鲋鱼"寓意"夫妇相依、一生美满"。鲫鱼具有益气健脾、消润胃阴、利尿消肿、清热解毒之功效，并有降低胆固醇的作用；用鲫鱼可治疗口疮、腹水等症，常食鲫鱼，可以防治高血压、动脉硬化、冠心病，非常适合肥胖者食用。

主料：鲫鱼 400 克，猪腿肉 50 克。

辅料：江米酒 50 克，豆瓣酱 10 克，酱油 10 克，泡椒 10 克，黄酒 10 克，淀粉（豌豆）10 克，大葱 10 克，姜 5 克，白砂糖 5 克，花生油 75 克，盐 3 克，味精 1 克，醋 5 克，猪油（炼制）15 克，香油 5 克。

制作方法：（1）将鲫鱼宰杀，去鳞，去鳃，去内脏，清水洗净，在鱼身两面各斜划 3—5 刀，刀口深约 3 毫米，并在鱼身上涂抹酱油。（2）炒锅上火，下油烧至八成热，将鲫鱼放入，煎至两面呈金黄色，倒入漏勺沥油。（3）原锅留油少许坐火上，下肉末、葱花、姜末、泡椒末炒出香味，加豆瓣酱，煸炒出红油，再放进酒酿炒散，然后加绍酒、白糖，用小火焖烧五六分钟左右，至鲫鱼熟透，加味精、葱花，用旺火收汁，下湿淀粉勾芡，浇上烧热的熟猪油，起锅前淋少许醋和麻油即成。

特点：味道咸鲜，色泽红润，肉质细嫩，香味浓郁，卤汁紧包，滋味鲜美。

红焖甲鱼

"红焖甲鱼"自古以来就是风靡豫南一带的佳肴，营养丰富、肉质细嫩、汤清味鲜，可大补元气。信阳境内河渠纵横，库、塘、堰、坝星罗棋布，水质优良，适宜于野生甲鱼生长繁殖。据《光州志》记载，早在唐朝时，信阳就有了"光州马蹄鳖压断街"的说法。"红焖甲鱼"具有悠久的历史和丰富的文化内涵，是一道典型的信阳传统特色菜肴。

主料：甲鱼 1 千克，五花肉 100 克，高汤 1.25 千克。

辅料：花生油 50 克，姜片 30 克，红椒干 2 克，葱结 30 克，葱段 10 个，蒜仔 20 克，八角 1 个，花椒 10 粒，老抽 3 克，料酒 30 克，盐 3 克，白胡椒 1 克，生抽 10 克。

制作方法：（1）将甲鱼仰放，待头伸出，迅速用手指掐住其颈，用力拉出，用刀齐背壳沿颈骨划开，排尽血后入 70—80℃水中烫泡。（2）当甲鱼壳上泛起"白衣"时捞出，在冷水中清除腹部、腿上和裙边的白膜，用洗帚刷掉背壳黑衣，开肚去内脏，去除甲鱼腔内黄油，斩去爪尖，然后均匀地剁成长、宽各 3 厘米的块，洗净备用。（3）五花肉切成长 3 厘米、宽 0.5 厘米的片备用。（4）高汤制作方法：选取土母鸡鸡架 500 克、老鸭骨架 500 克、猪骨 500 克、猪肘 500 克等原料，经过初加工、洗净之后，放入盛有 5 千克清水的锅中，置大火上煮沸，焯烫3分钟捞起。再用清水洗净，放入砂锅或砂罐中，加入适量清水，置大火上煮沸，改用中火，边炖边撇去浮沫，调小火熬至骨肉分离后离火，汤水备用。（5）炒锅烧热，加入花生油，放入五花肉片煸炒出香味。（6）加入葱结、姜片、红辣椒干、八角、花椒、蒜仔、甲鱼块，小火炒香。（7）倒入料酒，加盐、老抽、生抽、白胡椒、高汤，小火焖制。（8）用旺火收汁，待鱼肉酥烂、卤汁黏稠浓厚时，出锅并加入葱段即成。（9）挑出五花肉、姜、八角和葱结，将整道菜肴盛进砂煲。

特点：色泽金黄，香气浓郁，鲜美肥腴，汁浓肉亮，滑嫩筋道。

霸王别姬

"霸王别姬"是古彭城（今江苏徐州）"龙凤宴"中的大菜之一，20世纪二三十年代成为潢川县著名餐馆——新兴餐馆的招牌菜，因著名将领吉鸿昌将自己比作"鸡"（"姬"的谐音），称自己同蒋介石这个"霸王"分道扬镳的故事而家喻户晓，是信阳菜中著名的菜品和标志性特色菜之一。

主料：潢川甲鱼1只，750克左右；当年生母柴鸡1只，约1千克。

制作方法：放入大葱、生姜等作料，浇高汤后，入笼蒸熟即成。上菜前，将甲鱼盖掀掉拿走，意即"霸王别姬"。

特点：原汁原味，肉质细嫩，汤清味鲜。

卤水甲鱼

"卤水甲鱼"通常叫"卤水小甲鱼""小卤鳖",系信阳家常菜,信阳火车站和潢川县、固始县东关、商城县西关等市场繁荣、人流量较大的城区,乃至著名集镇,都有此菜肴。

主料:信阳甲鱼10只,约2.5千克;两年生母鸡1只,约1.5千克;猪棒骨2千克;卤水老汤2千克。

辅料:荜茇、葱、姜、干椒、八角、盐、味精、鸡精、黄酒、香醋、白糖、酱油各适量。

制作方法:(1)用75—80℃热水将甲鱼烫杀,待甲鱼将死时,立即捞出浸入凉水中约1分钟,然后捞出宰杀,从腹部由上至下开直刀,除去内脏及黄油,漂洗干净,在甲鱼腹中放入姜、葱、干椒、盐、香醋。(2)砂锅内置卤水,加荜茇(可使菜肴油光发亮),放入甲鱼、母鸡、猪棒骨,用大火烧开后,改用小火,卤至软烂离骨时,取出装盘。

特点:肉软烂、离骨而不变形,味道鲜美。

清蒸大白刁

常言道"人不可貌相"。其实鱼也一样,在餐饮界流传的也有一句"鱼不可貌相",说的就是长相丑萌,却因肉质细嫩、蛋白质含量高达17%而被称为"鱼中上品"的大白刁,俗称"淡水鱼中的白富美"。

"清蒸大白刁"经过顾客上万次的检验，最终成为瑞德丰酒店的特色招牌菜。

主料：大白鱼（半片）1千克。

辅料：葱、姜丝、啤酒、鸡油各适量。

制作方法：（1）新鲜大白鱼宰杀清洗干净。（2）取一容器，放入葱姜盐，加入少许水，把大白鱼浸泡15—20分钟。（3）把浸泡好的大白鱼放入器皿内，加啤酒80克，鸡油30克，上笼蒸制8—10分钟取出，放上葱姜丝，淋上热油即可。

特点：香气扑鼻，口感嫩滑，味道鲜美。

毛尖虾仁

"毛尖虾仁"系酒店创新菜，过去各地政府接待部门的大厨多擅此艺，目前已成为信阳菜厨师上岗必修菜品，就像当年川菜师傅大考，必攻"鱼香肉丝"一样。

信阳河网纵横、水域辽阔、水产丰富，盛产河虾。"毛尖虾仁"是用信阳毛尖茶叶和豫南青虾为主料精心烹制

而成的,是一道典型的信阳传统菜肴。"毛尖虾仁"用料讲究、做工精细、风格独特,具有悠久的历史和较高的养生价值。

主料:长3—4厘米的鲜河虾600克。

辅料:信阳毛尖1克,高汤10克,鸡蛋清1个,生粉3克,姜末10克,花生油540克,食用盐4克,料酒10克。

制作方法:(1)用90℃的饮用水冲泡信阳毛尖,倒掉第一道茶水,再次冲入开水,将泡好的信阳毛尖捞出备用。(2)河虾挤出虾仁,除去虾线,用清水漂洗干净备用。(3)将冲洗干净的河虾用干净毛巾挤干水分下入盆中,下入盐2克、料酒5克、生粉2克、鸡蛋清1个,腌制入味上浆。(4)锅烧热,下入花生油500克,烧至四成热(约120℃),下入上浆后的虾仁,滑至8成熟。(5)下入盐2克、生粉1克、料酒5克、高汤10克,调成碗汁。(6)炒锅加热,下入花生油40克,下入姜末炒香。下入滑好的虾仁、碗汁翻炒,然后下入挤干水分的毛尖,炒熟即可。

特点:色泽绿白相间,气味清香,口味鲜香,形态错落有致,质感滑嫩。

煎烧小白鱼

"煎烧小白鱼"又称"干烧白条鱼",采用生长在淮河流域水质优良的河湖中的白条鱼(又称翘嘴白、翘嘴)烧制而成。其色泽红亮诱人,形态完整,入口鱼肉自然脱

骨。烹制时加入信阳当地的
箭杆白腌菜末，酸辣适口，
外酥里嫩，滋味鲜美。"煎
烧小白鱼"具有鲜明的豫南
菜肴特色，深受各地食客的
喜爱，是一道典型的信阳传
统特色菜肴。

主料：白条鱼 500 克。

辅料：葱、姜末 10 克，生抽 20 克，料酒 10 克，盐 10 克，味精 3 克。

制作方法：（1）白条鱼宰杀后，洗净揾水，加料酒、盐腌 1 小时。
（2）平底锅放油，用小火将白鱼条炕至两面泛黄。（3）将葱、姜末炒
香后，放入炕好的白条鱼，加酱油、高汤适量，收汁后出锅。

特点：鱼肉细嫩，汤汁咸鲜。

信阳烤鱼

"信阳烤鱼"是街边饭
摊创制的一道菜，创制时间
在 1986 年前后，创制时借
用了川菜"东坡烤鱼"和新
疆"烤羊肉串"的方法，到
现在经历了两个阶段。前一
阶段所用原料是鲫鱼，将鲫

鱼一剖两半，然后用铁丝将剖好的鲫鱼串起来，像"烤羊肉串"一样
放在炭火上烤。烤制过程中，加盐、孜然，淋些油，烤熟后即可食用。

这种干食的方法出现大约两年之后，一些夜市饭摊的经营者也许是受到信阳炖菜的启发，将烤好的鱼放在一个专门制作的铁盘里，加上一些汤，再将铁盘放在一个同铁盘匹配的炭盆上，然后再加上千张豆腐、白菜等配料，像吃火锅一样边煮边吃。这种制法和吃法一直延续至今，只是原料由鲫鱼改为鳢（乌）鱼，信阳人将这种鱼叫作"火头"。

特点：鱼肉鲜嫩，汤味浓郁。

泥鳅焖大蒜

泥鳅焖大蒜乃"光山四大名菜"之一，叫响于当年的司马光宾馆。今天的光山金帝大酒店擅制此菜。

主料：泥鳅 500 克，蒜仔 100 克。

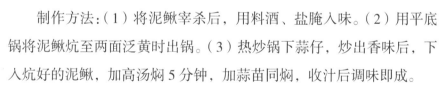

辅料：蒜苗 100 克，老抽 5 克，精盐、味精、料酒各适量，高汤 1 千克。

制作方法：（1）将泥鳅宰杀后，用料酒、盐腌入味。（2）用平底锅将泥鳅炕至两面泛黄时出锅。（3）热炒锅下蒜仔，炒出香味后，下入炕好的泥鳅，加高汤焖 5 分钟，加蒜苗同焖，收汁后调味即成。

特点：肉质软嫩，鲜香爽口。

商城筒鲜鱼

"商城筒鲜鱼"是信阳市商城县地方风味名菜。入冬时节，将重逾1 千克的鲜鱼刮鳞去内脏，洗净沥干后切成块，拌入适量食盐装进鲜毛竹筒内，密封置于阴凉处。月余后取出，以清汤加作料煮沸食用，肉质鲜嫩，竹香中略带腐乳味，别具一格。后因鲜毛竹紧缺，民间多改用陶制坛罐作容器，味道稍逊。

鲇鱼山砂锅鱼

鲇鱼山水库坐落在商城县境内，属国家大型水库，水质优良，浮游生物丰富，盛产鳙鱼（胖头鱼）、鲢鱼和鲫鱼，鱼肉雪白细嫩。

主料：鳙鱼一尾（鲇鱼山水库出产），毛重约 2.5 千克。

辅料：大葱 300 克，马蹄 4 枚，面粉 15 克，鸡蛋 1 枚，食盐 20 克，花生油 50 克，猪油 50 克，姜 25 克，小葱 30 克，料酒 15 克，白胡椒粉 5 克，香菜 10 克。

制作方法：(1) 刮去鱼鳞，清除鱼鳃、内脏，洗净鱼身，取下头部、躯段和尾部，将鱼头劈成两半，鱼头以皮相连，鱼尾前段片成两片，后段不片。(2) 取大块猪肉皮，平铺刀墩上（皮面朝下），除去鱼躯干外皮，置于肉皮上（躯干表面朝上），先用菜刀背将鱼躯干砸扁平，再用菜刀反复在鱼躯干上刮出鱼肉，边刮边除去鱼刺。待鱼肉刮完，将鱼肉集中，砸成细腻的鱼蓉。（3）大葱切成约4厘米长段，马蹄切粒，姜按4：1比例切成姜片和姜末，小葱按2：1比例切成葱段和葱白末。（4）将鱼蓉放入瓷盆，放入鸡蛋清、1/4的食盐、姜末、1/3的料酒，搅拌均匀，按1：0.8的比例添加清水，沿顺时针方向，用劲搅打至浓稠状，加入淀粉、马蹄粒、葱白末，搅拌均匀待用。（5）铁锅放置到旺火上，加入适量清水，烧至70℃，调小火，将鱼蓉挤成丸状，边挤边下入热水锅中。待鱼蓉全部挤完，调用大火，煮沸底锅水，捞出鱼丸，放入凉水盆中备用。（6）炒勺放置到小火上烧热，先下入花生油，再下入大葱段，炕成微黄色铲起，倒入专用砂锅底部。（7）铁锅放置到旺火上烧热，先下入猪油，再放入姜片、小葱段，煸炒出香味后，调中火，先下入鱼头（鱼头表面朝上），煎至鱼头内面微黄，再将鱼头翻转过来，表面触锅，鱼尾下锅，尾部朝上，煎至鱼头表面、鱼尾内面微黄，添加山泉水2千克煮沸，下入剩余料酒，改用中火，撇去浮沫，倒入砂罐，放置到小火上炖20分钟，下入鱼丸、剩余食盐、白胡椒粉，继续炖5分钟，即可出锅。

特点：鱼头黑黄相间，汤汁微黄，鱼丸雪白、清香，口味咸鲜，鱼头、鱼丸、鱼尾错落有致，形态美观。

蛋白炖甲鱼

"蛋白炖甲鱼"是商城县知名炖菜。

主料：野生甲鱼2—3只，毛重约1.25千克。

辅料：鸡蛋6枚，头汤

2 千克；食盐 15 克，猪油 75 克，姜 50 克，小葱 50 克，黄酒 15 克，白胡椒粉 5 克。

制作方法：(1) 宰杀甲鱼，去除内脏，洗净，沥干水，切下腿部，将身躯剁成宽 4 厘米、长 5 厘米块状。(2) 将鸡蛋煮熟，切成二瓣，剔除蛋黄，留蛋白备用。(3) 姜拍松、切成片，小葱切段。(4) 铁锅加清水，放置旺火上烧开，放入甲鱼块，焯烫 2 分钟捞起，沥水备用。(5) 炒勺放置到旺火上烧热，先放入猪油，再下入姜片、3/4 的葱段，煸炒出香味后，下入甲鱼块，爆炒出香味时，放入食盐、黄酒、白胡椒粉，翻炒 3 秒，倒入砂罐，加入头汤，放置到中火上煮沸，撇去浮沫，改用小火炖 45 分钟，放入鸡蛋白，继续炖 15 分钟，即可出锅。

特点：汤汁清澈，气味清香，口味咸鲜。

鸡汤炖鱼丸

"鸡汤炖鱼丸"是商城县知名炖菜。主料是当地野生红鲖鱼和土老母鸡。烹饪方法是：将土老母鸡宰杀整理清洗干净，按清炖的办法将鸡块炖熟后，分离出纯鸡汤；同时，刮下刚宰杀的红

鲖的纯肉，将其放在垫有猪肉皮的刀板上，用刀背将鲜鱼肉砸成鱼蓉，再采用传统烹饪方法将鱼蓉加工成鱼丸。食用之前，将鱼丸放入鸡汤中，煮沸后小火慢炖。

特点：鱼丸雪白，鱼肉滑嫩，汤香味鲜。

腊肉鳝鱼火锅

"腊肉鳝鱼火锅"是商城县知名炖菜。此菜又名"腊肉炖黄鳝"，信阳各地皆有此菜，做法略有不同。固始、商城及沿史河、淮河一带，菜味偏清淡，信阳南部山区则偏咸辣。

主料：选用当地散养黑猪的五花肉腌制的腊肉 300 克，野生鳝鱼净重 600 克。

辅料：姜片 20 克，蒜仔 50 克，八角 2 个，生抽 20 克，干辣椒 4 克，水 500 克，烹调油 80 克，葱花 1 克，葱段 10 克，白胡椒 1 克，鲜辣粉 4 克，料酒 20 克。

制作方法：（1）宰杀鳝鱼，整理洗净，切成 5 厘米长的"蜈蚣刀"段。（2）将腊肉切块，用温热水浸泡 10 个小时，洗净、沥干，放入铁锅，加入适量清水，放置到旺火上煮沸，焯烫 3 分钟捞起，洗净、沥干，切成片状，姜切片，小葱切段。（3）铁锅放置到旺火上烧热，先放入烹调油，再放入腊肉片、姜片、葱段和蒜仔，煸炒出香味。（4）下入鳝段、生抽，继续煸炒，炒至鳝段变黄时，下入料酒、胡椒粉，加入适量水煮沸，改用小火焖至成熟，收汁并翻炒均匀后，即可出锅。

特点：腊肉酥烂，鳝鱼细嫩，滋味浓厚，回味无穷。

韭菜炒河虾

　　"韭菜炒河虾"是信阳菜中极有特色的农家菜。韭菜也叫起阳草，有滋阴壮阳之功效。河虾富含钙、磷，对人的健康极为有利。

　　主料：炕好的小河虾250克，鲜韭菜200克。

　　辅料：小香葱5根，姜5克，江米酿20克，盐适量，味精少许，熟猪油40克，花生油15克，高汤适量。

　　制作方法：锅烧热后，将切成末的葱、姜放入锅内炸香，接着放入河虾煸炒1分钟，随后放入盐、熟猪油、江米酿、高汤、味精，再放入切成段的韭菜，翻匀后出锅装盘。

　　特点：青红相间，鲜香可口。

水花雪里蕻

　　"水花雪里蕻"是信阳百姓普遍食用的一道民间菜。水花就是小鱼，信阳土话叫"小猫鱼"，因为小，主要拿来喂猫。雪里蕻在信阳有上千年的种植历史。过去，信阳百姓一般在秋天雪里蕻收获后将其腌制，以便冬天食用。"小猫鱼"现在不给猫吃了，成为大家争相食用的好东西。"小猫鱼"被高看，与"文革"时期干部、名人下放到信阳的"五七"干校有关。据当地群众回忆，北京下放来的干部、名人，如徐惟诚、伍绍祖、吴敬琏、钱锺书、杨绛等不喜欢吃草鱼、鲢鱼，爱吃"小猫鱼"。群众不解，便问为什么。他们回答说，小鱼小虾营养丰富，味道更好。

（二）畜肉类菜品

信阳焖罐肉

"信阳焖罐肉"是信阳菜的经典菜品。相传，此菜起源于春秋战国时期的春申君黄歇，他以美食为攻伐之器，以物极必反的哲理说服秦昭王广施仁义，罢兵休战，促成了秦楚之好。"信阳焖罐肉"是热情好客的信阳人民馈赠亲友、招待宾客的美味佳肴。

主料：炼好的五花肉 400 克。

辅料：青萝卜 300 克，姜片 30 克，葱结 20 克，花椒 10 粒，干辣椒 5 克，黑胡椒 1 克，盐 3 克，老抽 2 克，葱段 10 个，八角 2 粒，花生油 200 克。

制作方法：（1）取带皮五花肉 5 千克，洗净，切成块，加入盐 25 克，腌制 2 小时。（2）炒锅预热，倒入花生油 200 克。（3）待油五成热倒入切好的五花肉，煸炒至无水分，猪油溢出，肉面微黄。（4）连肉带油倒入一个干净的陶罐，冷却后加盖置阴凉处封存 10—15 天。（5）取焖罐肉 400 克，放入锅内烧热，去除多余的油脂。（6）下入葱段、姜片、干辣椒、八角、花椒煸炒出香味。（7）下配料（可根据自己的喜好加入萝卜、笋子、千张结或海带）。（8）下入老抽、盐，加入300毫升水，转小火慢煨至八成熟，收汁入味即成。（9）出锅装盘后放入葱段和干辣椒丝。

特点：肉呈棕红色，醇香浓郁、微辣，入口软烂。

罗山大肠汤

信阳大肠汤以"罗山大肠汤"为代表，是罗山县最有名的传统小吃，其中罗山防疫站大肠汤老店、罗山李老太大肠汤店（拥有信阳第一项大肠汤专利的连锁店）烹制的大肠汤最有名。

主料：淮南猪大肠500克，水豆腐200克，猪血200克。

辅料：原汤1千克，姜片30克，姜块20克，干辣椒8克，葱结20克，红油60克，蒜苗10克，八角1个，黑胡粉1克，辣椒粉3克，盐6克。

制作方法：（1）猪大肠洗净，焯水。（2）锅内加入2千克清水，加入猪大肠和八角、红辣椒干、姜块、盐，煮至八成熟捞出，切成条状备用。（3）猪血切成长3厘米、宽2厘米、厚1.5厘米的块备用。（4）水豆腐切成长3厘米、宽2厘米、厚1.5厘米的块备用。（5）蒜苗洗净切段备用。（6）锅内下红油，将姜片、干辣椒炒香。（7）加入原汤、葱结、大肠、猪血、水豆腐、盐、黑胡椒、鲜辣粉，烹调入味至熟。（8）将水豆腐、猪血、大肠盛入盆中，大肠置于上层，放入蒜苗。

特点：红白相间，错落有致，香辣味浓，肥而不腻，入口柔和、软嫩。

清炖牛肚绷

"牛肚绷"是信阳特有的称呼，指牛腹部靠近牛肋处的松软组织。牛肚绷配上信阳淮河沿岸的萝卜，炖制成汤，即为"清炖牛肚绷"。

主料：取自信阳当地所养 2—3 年龄黄牛的牛肚绷，净重 1 千克。

辅料：青萝卜 300 克，姜片 30 克，葱结 50 克，芫荽 10 克，盐 12 克、胡椒 1 克。

制作方法：（1）牛肚绷切块，焯水备用，青萝卜切成滚刀块。（2）砂锅内加入 4 千克清水，下入牛肚绷，放入葱结、姜片，大火烧开，撇去浮沫改用小火炖制。（3）牛肚绷七成熟时下入青萝卜块、加入盐，用中火煮沸汤汁，即刻改用小火，炖至萝卜软烂，牛肚绷熟透。（4）盛入砂锅前取出葱结和姜片。（5）将整份菜肴盛入砂锅，外带芫荽、胡椒。

特点：汤汁入口醇香，滋味浓厚，牛肚绷爽滑劲道。

罗山杀猪菜

"罗山杀猪菜"是一道体现民俗和充满乡愁气息的特色菜肴。它

以淮南黑猪肉为主料，加入新鲜的猪大肠、猪血炖制而成，其汤色金黄，肉质细嫩、滋味鲜美、浓香醇厚。每逢春节临近，豫南各地农家都会用杀年猪、吃杀猪菜的方式迎接新春。此菜以罗山、新县等县区所做的杀猪菜为代表。

香菇焖风鸡

"香菇焖风鸡"是商城县知名炖菜。

主料：风鸡1只，干香菇150克。

辅料：姜、干辣椒、桂皮、八角、香叶、小茴香、冰糖等适量。

制作方法：(1) 风鸡拔毛清洗干净（干拔），浸泡40分钟去盐回软，去除茸毛、老皮和用于腌制的香料，沥水后鸡剁小块，冷水下锅烧开，焯去血水杂质。香菇提前泡发。(2) 锅内倒适量油，下入焯好的鸡块翻炒，炒至鸡块微黄。(3) 放入姜、干辣椒、桂皮、八角、香叶、小茴香、冰糖。(4) 放入适量盐。(5) 放入适量老抽上色。(6) 放入适量生抽。(7) 放入适量辣椒酱。(8) 放入泡发好的干香菇，倒入足量开水，大火烧开，中小火炖至汤汁收浓即可。

特点：鸡肉酥烂，菇香味美。

风干山羊肉火锅

"风干山羊肉火锅"是商城县知名炖菜。

主料：风干山羊肉650克，商城"德"字粉250克。

辅料：蒜苗150克，食盐18克，猪油或羊油50克，生姜10克，小葱10克，酱油2克，料酒15克，白胡椒粉3克，干红辣椒5克，香菜10克。

制作方法：(1)将风干山羊肉放入温水中浸泡8小时，清洗干净，沥水备用。(2)将粉条剪成约20厘米长段，放入温热水中泡涨，清洗干净，沥水备用。(3)姜拍松，半份切块，半份切片。小葱半份扎把，半份切段，干红辣椒切段，蒜苗去叶留茎，斜切成段。(4)铁锅加清水，放入羊肉块，放置到旺火上烧开，焯烫2分钟后捞起，清洗干净，沥水备用。(5)砂罐加饮用水2千克放置到旺火上煮沸，放入羊肉块、姜块、葱把、料酒、1/2份干红辣椒段，改用小火，撇去浮沫，炖至八成熟时捞起，留汤汁待用。(6)将煮熟的羊肉块拆肉去骨，撕成长约5厘米细条。(7)炒勺加2/3份羊肉汤汁，放入粉条、1/2份食盐、1/2份白胡椒粉，放置到旺火上煮沸，倒入砂锅。(8)炒勺放置到旺火上烧热，先放入猪油或羊油，再下入姜片、葱段、剩余干红椒段，煸炒出香味后，放入羊肉条，快速翻炒，待羊肉炒出香味时，下入酱油、剩余食盐、剩余白胡椒粉，加入剩余羊肉汤汁煮沸，放入蒜苗段，翻炒均匀，即可出锅。

特点：羊肉不腥不膻、烂而不腻，粉条滑香筋道、久煮不烂，鲜辣适口，入冬后食用味道更佳。

桂花皮丝

"桂花皮丝"系宫廷菜，采用皮丝与蛋黄同炒而成，色似桂花，橙黄悦目。皮丝是信阳市固始县的著名土特产，用洁净的猪肉皮经过浸泡、去脂、片皮、切丝、晾晒等多道工序加工而成。其原料为猪皮，条细如丝，故名"皮丝"。皮丝的吃法很多，可扒可烧，可拌可炒，以其为主料可制作 20 多种菜肴。由于风味宜人、制作精细、营养丰富，清咸丰年间皮丝被列为贡品，进入宫廷御宴。

主料：干皮丝 100 克，鸡蛋 4 个。

辅料：花生油 1.5 千克，精盐 6 克，味精 2 克。

制作方法：（1）把干皮丝用油发制后捞出，再经水煮、浸泡去除碱味，然后将发好的皮丝揉干水分。（2）取大碗一个，加入鸡蛋、盐、味精、皮丝，搅拌均匀。（3）炒锅置中火上，放花生油，六成热时下入拌好的鸡蛋液皮丝，慢火炒透，盛盘上桌即可。

特点：色似桂花，松软香脆。

光山"和肉"汤

光山"和肉"汤为光山县第一历史名菜，开发潜力巨大。此菜的资料收集、挖掘与传承，得益于信阳菜文化学者李芳森先生。

光山地处大别山余脉。按当地风俗，孩子出生 3 天后"洗三"，并宴请宾朋。席间，厨师会上一道汤菜。此汤利用司马井清甜的井水，取淮南猪后臀的瘦肉，将瘦肉油炸后加入光山本地产的黄花菜慢火炖制而成。

此菜"融和"多种烹制工艺和原料，象征家族"和睦"、"和和美美"、天下"太平"，故名"和肉"汤。旅居海外的游子回光山探亲，点名要吃光山"和肉"，"和肉"的魅力可见一斑。

主料：信阳黑猪瘦肉 1 千克。

辅料：黄花菜、木耳、葱结、姜片；精盐、酱油、胡椒粉、味精。

制作方法：将炸好的肉块放入陶罐中，倒入高汤，放入黄酒、葱结、姜片，用旺火将其烧开，小火炖至酥烂，放入发好的黄花菜、木耳及精盐、酱油、胡椒粉、味精，盛入汤盆即成。

特点：汤，清醇味美；肉，绵烂软嫩。

粉蒸黑猪肉

商城黑猪为古老的地方猪种，已注册国家原产地标记。此猪以米糠、麦麸、红薯、玉米、野菜等为饲料，采用散养、熟食方式饲养而成，生长期逾 10 个月。商城黑猪猪肉属原生态有机食品，肉质鲜嫩，色泽鲜艳，富含氨基酸和微量元素。

主料：猪肉 400 克，大米（糙米）200 克。

辅料：芋头 1 个，独蒜 5 个，老抽 6 克，生抽 10 克，蚝油 6 克，糖 8 克，盐 3 克，白胡椒粉 3 克，黑胡椒粉 3 克。

制作方法：（1）干净糙米放入锅中开小火不断翻炒，至炒出香味，颜色微黄。（2）将温度变凉的糙米倒入料理机，打成米粉。（3）加入盐、胡椒粉拌匀备用。（4）猪肉中加入蒜末、蚝油、生抽、老抽、糖拌匀，腌渍 40 分钟。（5）将准备好的芋头放入盘子里，将腌好的猪肉裹上调好的米粉摆放在芋头上面。（6）上笼屉旺火蒸 40 分钟即可。

特点：肥瘦均匀，红白相间，香味浓郁，甜中带咸，香烂可口，令人回味无穷。

（三）禽蛋类菜品

商城老鸭汤

大别山下第一汤——"商城老鸭汤"，以精选生长期 10 个月以上的淮南麻鸭和信阳青萝卜为食材，采用传统的清炖技法烹制而成。

淮南麻鸭，历史悠久，

明嘉靖《光州县志》载"自昔相传云,浮光多美鸭"。又传,一代女皇武则天曾以麻鸭汤滋阴养生,延年益寿,并将其钦定为御膳。

主料:淮南麻鸭,净重1千克。

辅料:青萝卜400克,鸭血100克,水2千克,姜片40克,葱结40克,食盐8克,葱段6个。

制作方法:(1)宰杀活鸭,将鸭血收集到淡盐水中凝结。(2)褪净鸭毛,开胸取出内脏,将鸭胴体、鸭心、鸭肝、鸭肫、鸭肠整理、洗净。(3)铁锅加清水,放入鸭血,放置到中火上,煮15分钟捞出,切块。(4)取下鸭胴体上的头、脖、腿、爪,并将鸭脖切成3厘米长段,鸭躯干剁成块,鸭肝切三块,鸭肫切四块,鸭肠剪段并捆扎。(5)将青萝卜切滚刀块,姜拍松。(6)将鸭块、鸭外件(头、脖、腿、爪)和鸭内件(心、肝、肫、肠)放入冷水锅中,放置旺火上煮沸,焯烫1分钟捞起,放入清水中冲洗干净,沥水备用。(7)将鸭块、鸭外件、鸭内件、姜片、葱结下入砂罐,加入2.5千克山泉水,放置旺火上煮沸。(8)改用小火,撇去浮沫,炖至鸭肉七成熟时,加入青萝卜块、食盐,调用中火煮沸汤汁,即刻改用小火,炖至萝卜软烂、鸭肉离骨,加入鸭血块煮沸,即可出锅。

特点:汤清味醇,鸭肉肥而不腻,萝卜爽口,堪称亦食亦药的养生佳肴。

固始汗鹅块

"固始汗鹅块"与"固始炖鹅块"(火锅)同为红遍大江南北的信阳菜。

信阳境内河渠纵横,库、塘、堰、坝星罗棋布,水质优良,自隋朝以来，固始鹅就是信阳著名特产之一。因在烹制过程中要将滚烫的汤汁浇在鹅块上，浇过之后，鹅块表面会凝结水珠，坊间多据此称之为"汗鹅块"。

主料：白鹅净重600克，其中含鹅肠100克。

辅料：姜60克，香葱结20克，干辣椒丝7克，盐10克，小茴香2克，草果2个，香叶2克，花生油50克。

制作方法：（1）宰杀活鹅，将鹅血收集到淡盐水中凝结。（2）褪净鹅毛，开胸取出内脏，将鹅胴体、鹅肝、鹅胗、鹅肠整理洗净。（3）锅内加入4千克山泉水或饮用水，下入鹅血，放置到中火上，煮制15分钟捞出，切块。（4）将洗净的整只白鹅用刀一分为二，再一分为四。（5）将红辣椒干切成干辣椒丝，将20克姜块拍松，将40克姜切成姜丝。（6）鹅胗切成4块，切成"菊花刀"，将鹅肉、鹅油、鹅肝、鹅肠、鹅胗放入砂锅。（7）砂锅中加入水、姜块、香葱结、盐、干辣椒、小茴香、草果、香叶，大火烧开，转成文火，煮至八成熟备用。（8）取出鹅肠、鹅肝、鹅胗，鹅肝切成三块，鹅肠剪断、扎成"蝴蝶结"。（9）鹅肠、鹅肝、鹅胗、鹅血垫底，熟鹅剁成块，均匀地排列在表面。（10）将姜丝和干辣椒丝放入煮鹅块的原汤中，再将原汤浇在鹅块上。（11）将整份菜肴盛入窝盘或砂锅，对主、辅料进行调摆，放入干辣椒丝，浇上热油即可。

特点：汗鹅块肉质鲜嫩，汤汁清亮咸香。

焖仔鸡

"焖仔鸡"是一道信阳传统菜品。因"鸡"和"吉"同音，寓意吉祥，每逢中秋节，豫南家家户户都会做一道"焖仔鸡"，衬托出酒席间团圆吉祥的欢乐气氛。

主料：信阳当地散养的三黄鸡（生长期 8—10 个月），净重 900 克。

辅料：高汤 1 千克，根据季节可选板栗、粉皮、萝卜、千张结或笋子 100 克，姜片 30 克，蒜仔 30 克，葱段 10 根，八角 2 个，辣椒壳 4 克，花生油 5 克，食盐 6 克，料酒 30 克，酱油老抽 7 克，干辣椒丝 1 克。

制作方法：（1）宰杀活鸡，将鸡血置于淡盐水中凝结。（2）褪净鸡毛，开胸取出内脏。（3）葱切成段，姜切成片，辣椒壳切成段，蒜仔用刀拍松。（4）制作高汤：选取本地饲养的母鸡鸡架 500 克（也可用老鸭骨架 500 克、猪骨 500 克、猪肘 500 克），经过初加工、洗净之后，放入盛有清水的锅中，置大火上煮沸，焯烫 3 分钟后捞起，再用清水洗净，放入砂锅或砂罐中，加入适量清水，置大火上煮沸，改用中火，边炖边撇去浮沫，调小火熬至骨肉分离后离火，撇出汤水备用。（5）仔鸡用刀剁成块，冷水洗净备用。（6）炒锅放入花生油，加入葱段、姜片、蒜仔、辣椒壳和八角炒香。（7）加入鸡块、盐、老抽，小火煸炒，放入料酒、高汤，小火焖制至八成熟。（8）根据季节加入板栗、粉皮、萝卜、千张结或笋子等配料焖熟即成。

特点：色泽金黄，味道鲜香浓郁、微辣，口感筋道。

粉皮焖鸡

"粉皮焖鸡"是地道的信阳农家菜，因抗战时期受到宋美龄的青睐而走出鸡公山，成为信阳的一道名菜。粉皮就是用红薯粉制成的干粉皮，特别便于存放，可随吃随用。

主料：当年生本地公鸡约 1 千克，红薯粉皮 400 克。

辅料：葱段、姜片各 20 克，花生油 5 克，八角 4 枚，红椒麻油 10 克，猪油 40 克，麻油 25 克，胡椒粉 15 克，蒜泥 10 克，大槽油 1.5 千克，料酒 40 克，高汤适量，生抽 20 毫升，盐 10 克。

制作方法：（1）公鸡宰杀、煺毛，连内脏一起洗净，剁成骨牌大小鸡块备用；粉皮用开水烫软后，用温水浸泡备用；鲜红椒切成骨牌状备用。（2）锅置火上，将大槽油烧至五成热，推入鸡块，炸至断生捞起；锅留余油，炸葱姜和八角至香，点入花椒油，将鸡块下锅翻炒 2 分钟后加盐、熟猪油、料酒、高汤、生抽焖 5 分钟。（3）放入粉皮、胡椒粉再焖，至汤汁快干时，拌入红椒麻油、蒜泥，翻拌均匀，出锅装盘。

特点：口感绵软爽滑，味道香醇可口。

面炕鸡

"面炕鸡"又叫"面包鸡"，是流传于信阳息县、淮滨、固始一带的传统美食。它以固始鸡或散养土仔鸡为主料，采用面炕的烹饪技法制作而成。

"面炕鸡""面炕腊肉""面炕羊肉""面炕青椒圈""面炕茄子""面炕瓠子汤"等"面炕"系列菜品，是淮河两岸特有风味，保留着淮河两岸千百年来因为洪水灾害及物资短缺所留下的苦涩记忆。

主料：当地散养的仔鸡（生长期 8—10 个月），净重 800 克。

辅料：鸡血 200 克，水发粉皮 200 克，面粉 67 克，红薯淀粉 33 克，鸡蛋 1 个，饮用水 1.9 千克；姜片 30 克，蒜仔 20 克，香葱段 30 克，十三香 4 克，黑胡椒 2 克，八角 2 克，干红辣椒 2 克，花生油 80 克，食盐 15 克，料酒 15 克，生抽 5 克，香菜、蒜苗各 10 克。

制作方法：（1）将水 100 克和盐 2 克倒入碗中，用筷子搅匀混合成盐水。（2）宰杀活鸡，将鸡血滴入盐水碗中，用筷子不停搅动 3 分钟，静置使鸡血凝固。（3）锅内倒入水 300 克，加热至 70℃，将凝固的鸡血倒入锅内煮透，捞出切块备用。（4）将洗干净的仔鸡切成块。
（5）将切好的仔鸡块放入盆内，加盐 6 克、料酒 10 克、香葱段 10 克、
姜片 10 克、十三香 4 克、黑胡椒 2 克、生抽 5 克，腌制 5—6 分钟至
入味。（6）往腌制好的鸡块里加入面粉、红薯淀粉、鸡蛋清，搅拌均
匀后进行上浆摔打，使鸡块均匀挂浆。（7）平底锅加热后倒入花生油
50 克，将腌制好的鸡块下入锅内炕至两面金黄。（8）炒锅加热后下入
花生油 30 克，加入香葱段 20 克、姜片 20 克、蒜仔、干红辣椒和八
角炒香。然后加入炕好的鸡块、料酒和饮用水、盐，加入粉皮，鸡肉
煨炖软烂即可。可根据个人口味加入香菜、蒜苗。

特点：色泽金黄，口感筋道，肉质鲜美，醇厚浓香。

息县朱家鸡块

"息县朱家鸡块"系清
真食品，发源于息县城关和
包信镇，距今已有 300 多年
的历史。相传，朱孬的曾祖
父在明末清初战乱时期，跟

随父亲从宁夏一路逃难到中原。朱父从一个临死的伊斯兰教徒手里获
取汤料秘方，后经几十年的研制，终成现在的家传特色。

主料：母鸡 2 千克。

制作方法：烫鸡，水温要控制在 50—60℃，褪毛、掏空内脏、冲
洗干净。朱家用酒精消除鸡毛味，保持肉味新鲜，无杂味，然后整鸡
下锅。在火候的把握上，先大火，后小火，有八成或八成半熟即可出
锅。出锅后拿刷子将用蜂蜜调制的色料刷上，上色后再入锅，原汤中

浸 2 分钟,让味道充分渗透进肉里。捞出晾凉后分刀 9 块,即:头 1 块,翅、脯、腿、尾部各 2 块。

特点:鸡块味道鲜美、色泽金黄、肥而不腻、余香生津,使人食后难忘。

老母鸡炖黄花菜

"老母鸡炖黄花菜"是商城县知名炖菜。此菜可为人体提供丰富的蛋白质、脂肪等营养成分,具有健胃、补肾、益气、利尿等功效,可作为疾病患者康复期或产妇的补品。老母鸡是当地农民以虫、草等天然食物为饲料,采用散养方式饲养的生长期一年以上的土母鸡。黄花菜俗称金针菜,古名忘忧草,为多年生草本植物。

主料:母鸡 1 只(重约 1.5 千克)。

辅料:黄花菜 50 克,精盐、黄酒、味精、酱油、葱段、生姜片各适量。

制作方法:先将母鸡洗净切成块,黄花菜用温水泡发洗净。鸡块下锅爆炒,炒至水干时加酱油继续煸炒,加适量清水、精盐、黄酒、葱段、生姜片,炖至鸡肉熟烂,加入黄花菜继续炖至熟透,加调料进行调味即可。

特点:肉质鲜嫩,汤鲜味美,口感极佳。

固始鸡淖

"固始鸡淖"又叫"雪花鸡淖"，系淮河流域历史文化名菜。"淖"读作 nào，意为"泥，泥沼"。固始县烹饪名师杨新全等人对这道菜做了完善。这道菜与"桂花皮丝"同为固始县招待中外贵宾之佳肴，久负盛名。

主料：鸡胸肉 150 克。

辅料：高汤、蛋清、水淀粉、猪油、盐、鸡精、胡椒粉。

制作方法：（1）将鸡胸肉用刀背剁成蓉，剔去筋膜，将 350 克高汤分多次加入，将其澥散，用筷子继续将多余的筋挑出。（2）鸡蛋的蛋清用打蛋器打发，和鸡蓉、水、淀粉混合，加入盐、鸡精和胡椒粉，充分搅拌均匀成鸡浆。（3）锅内倒油，烧至七成热时一边倒入鸡浆，一边用勺子翻炒，炒熟后起锅装盘。

特点：色白如雪，滑嫩可口，味道咸鲜。

凉拌皮蛋

皮蛋，是夏秋两季信阳居民消费量最大的蛋类加工食品。民间一直有制作皮蛋的传统，这一点影响到酒店皮蛋菜肴的制作。

制作皮蛋，事先可用少许蛋清滴入配制好的料泥中做试验；若 7 分钟后滴入的蛋清能凝固即为正常，否则可以通过增减食用碱的剂量来进行调节。

皮蛋的原料及制作方法如下：

原料：新鲜鸭蛋（或鸡蛋）100个，食用碱140克，生石灰500克，草木灰500克，食盐100克，水约1.2千克，红茶末、香料适量。

制作方法：（1）将生石

灰、草木灰混合，加入碱水和红茶末及香料，再加入适量的水一起拌匀成料泥。（2）把蛋滚匀料泥，装坛封上坛口，放在30℃左右的温室内。（3）3天后，将坛打开放气后，再封好，放进30℃左右的温室中。（4）7天后再开坛，将蛋取出，晒干皮蛋外面的料泥即成。

"凉拌皮蛋"的原料及制作方法：皮蛋3枚、蒜3瓣，生抽和陈醋各2汤匙，盐、鸡精、白糖、香油适量。皮蛋剥皮，切蛋时，刀口蘸少许水，每枚切成6瓣，摆盘。将调好的料汁淋在皮蛋上即可。

"凉拌皮蛋"的特点：入口滑爽，色香味有独到之处。

（四）瓜果蔬菌类菜品

香椿炒鸡蛋

这道菜为信阳各地时令菜。大棚蔬菜技术大力推广后，出现了反季节蔬菜，遂使此菜在信阳各个酒店随时可以吃到。光山县将其列为本县"四大名菜"之一。

主料：香椿、鸡蛋各适量。

辅料：植物油、精盐、味精、葱丝、姜末各适量。

制作方法：（1）将香椿切细，与鸡蛋液搅拌均匀，加入适量精盐备用。（2）炒锅置火上，葱、姜炸出味，再将香椿鸡蛋糊下入炒锅，炒熟即成。

特点：颜色黄绿相间，气味清香，味道鲜美。

清炒将军菜

新县山野菜有数十种，其中蕨菜，又名拳菜，产量较大，含多种维生素、氨基酸等成分，既可滋补，又可防病。新县依托山野菜资源，大力开发将军菜系列。如"清炒将军菜""将军菜炒豆腐""将军菜扣肉""凉拌将军菜"等。"清炒将军菜"流传最广，它的原料、制作方法及特点如下：

主料：将军菜（花儿菜）500克。

辅料：葱花 6 克，姜末 6 克，水淀粉 15 克，熟猪油 20 克，花生油 10 克，红油 10 克，高汤 50 克。

制作方法：（1）将花儿菜择去杂质氽水冲凉，捞出沥干水备用。（2）炒锅置火上烧热，用花生油炸葱姜至香，投入花儿菜煸炒 2 分钟，加入高汤、猪油、盐、鲜辣粉、鸡精、红油，略炒片刻，勾芡出锅即可。

特点：色泽艳丽，乡土风味浓郁。

煨葫芦

"炒葫芦"是信阳最常见的鲜吃民间菜。将葫芦加工储存后再烹制的做法现在已十分少见，而"煨葫芦"则是信阳独具特色的干菜，主要流行于信阳大别山深山区的光山县、新县一带。据

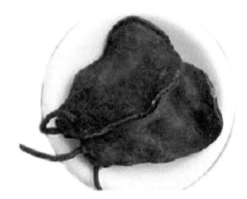

史料记载，"摘而以谷壳火煨熟，大石压扁，曝干烟熏，曰'煨葫芦'"。由于做好的煨葫芦又干又黑，人们又把"煨葫芦"叫作"黑葫芦"。

制作"煨葫芦"的方法是：在葫芦长成后，将鲜葫芦摘下，用炭火烘烤，待呈土黄色后，用竹签在葫芦底部穿两个孔，然后将一块平板放在葫芦上，把石头放上缓压，使水分从孔中渗出。待葫芦压成扁平状后再烘烤，直至皮干皱，色深黄，然后再将葫芦压成一指厚的薄饼。将压好的葫芦一个个放在太阳下晒干后，用线穿成串，挂在灶头，四时备用。食用时，用温水或米泔水浸泡数日，刮去外皮，切成丝，同肉红烧或清炖，鲜嫩如笋。

韭菜炒豆腐渣

"韭菜炒豆腐渣"又名"韭菜炒金板"，是信阳最具特色的地方菜。豆腐渣不是生豆渣，而是经过发酵后略带臭味的一种发酵食材。在发酵过程中，豆腐渣除保留丰富的膳食纤维和钙等物质外，游离氨基酸含量成倍增长。"韭菜炒豆腐渣"是由"小葱炒豆腐渣"发展而来的。

主料：嫩韭菜100克，豆腐渣块（采用特殊工艺发酵的霉变豆腐渣块）300克，野山椒10粒，蒜片若干。

辅料：熟猪油10克，盐5克，味精5克，鸡汤20克。

制作方法：（1）韭菜切8厘米段，豆腐渣块切片后用平底锅炕至两面泛黄。（2）热锅底油下蒜片、野山椒炒出香味再下豆腐渣，韭菜稍炒后加高汤适量，待收汁后调味出锅装盘。

特点：味道香辣不腻，浓郁而爽口。

大别山养生汤

"大别山养生汤"选用豫南生态天然葛根粉煮制而成，含有人体需要的十多种氨基酸和十多种微量元素，具有清热解毒、生津止渴、发汗解表之功效，在开胃消食、利尿解酒方面有明显效果，是一道药食同源的上等饮品。在食用时，可以根据自己的喜好添加白糖或蜂蜜，口味更佳。

主料：葛根粉 200 克，白开水 800 克。

制作方法：将葛根粉研碎，用适量的凉白开调匀，然后冲入开水充分搅拌直至呈半透明稀糊状即可。

松菇肉片汤

"松菇肉片汤"是商城县知名炖菜，光山县也有类似风味菜品。

"松菇肉片汤"主料是松针菇和黑猪肉。松针菇肉质肥厚，味道鲜美滑嫩，常食有美颜健肤、医治糖尿病、预防肿瘤等功效。

主料：新鲜的松针菇 500 克，黑猪里脊肉 250 克。

制作方法：（1）将松针菇清洗干净后控干水；猪里脊肉切成薄片，用少量盐腌制 10 分钟。（2）肉片中加入一个鸡蛋和适量的淀粉搅拌均匀，确保每个肉片都裹上淀粉。（3）锅中加入适量植物油，用小火炒香生姜和大蒜。（4）加入清水用大火煮开，然后下入清洗好的松针菇和适量的食盐，继续用大火煮开。（5）转成中小火后，将肉片放入锅中，待肉片表面的淀粉凝固后再用勺子轻轻搅动。（6）开大火煮沸

5分钟左右，最后加入蒜苗和食盐调味，继续煮1分钟左右即可出锅。

特点：营养丰富，松针菇的鲜美与肉片的嫩滑相得益彰。

（五）豆制品类菜品

信阳炕豆腐

信阳有句顺口溜："小葱炕豆腐，一青二白。""小青菜炕豆腐"也同样常见。这里的小青菜，特指黄心菜，规范一点的说法应为"黄心菜炕豆腐"。

"信阳炕豆腐"选用信阳李家寨镇豆腐，该豆腐使用天然山泉水，采用古法制成。成品具有质地细腻、高蛋白、低脂肪的特点。"信阳炕豆腐"是寻常百姓家的美味佳肴，更彰显了大道至简、兼收并蓄的中国素食文化精髓。

主料：水豆腐1千克，高汤200克。

辅料：葱段20克，姜丝5克，盐7克，花生油50克。

制作方法:(1)水豆腐切成长3厘米、宽2.5厘米、厚0.5厘米的块。(2)锅中放花生油,将豆腐块炕至一面金黄后取出。(3)锅中放花生油,加入葱段、姜丝炒香,下入炕好的豆腐、盐、高汤,烧至入味,出锅即成。(4)将整份菜肴盛入砂煲。

特点：色泽鲜艳，气味清香，细嫩爽口。

信阳汗千张

"信阳汗千张"是一道传统菜肴。制作前要把千张切条打结。

此菜借鉴了"汗鹅块"的烹饪技法。凡是正宗信阳酒店，没有不做此菜的，也没有不会做此菜的信阳菜厨师。

主料：千张 300 克。

辅料：高汤 700 克，饮用水 2 千克，食用盐 12 克，食用碱克 2，花生油 30 克，干红辣椒 5 克，香葱段 10 克，姜丝 30 克。

制作方法：（1）将千张切成长 12 厘米、宽 2 厘米的条，然后打成结。锅内加饮用水 2 千克，下入食用碱 2 克，下入千张结，煮 5 分钟捞出，用清水把千张结洗净，捞出备用。（2）锅烧热，下入花生油和香葱段、姜丝、干红辣椒爆香，下入高汤，加盐调味，下入千张结，煮至入味装入窝盘即可。

特点：色泽黄白相间，气味鲜香浓郁，味道微辣醇厚，形态均匀美观，口感滑嫩筋道。

黄豆芽炖小酥肉

"黄豆芽炖小酥肉"是一道平民菜，信阳家家户户都会做，独特之处在于其烹饪技艺——炖。

主料：本地产黑猪五花肉 500 克，黄豆芽 400 克。

辅料：饮用水 2 千克，鸡蛋 1 个，红薯粉 35 克，面粉 15 克，食用盐 10 克，花生油 30 克，香葱段 15 克，

姜片 20 克，八角 2 克，干红辣椒 2 克，十三香 2 克。

制作方法：（1）黄豆芽摘去根部，去豆芽皮，清洗干净，捞出用铁锅焙干水分至香。（2）五花肉去皮，切成长条备用。（3）在切好的五花肉中下入鸡蛋、食盐 2 克、红薯粉、面粉，搅拌均匀，摔打"上劲"。（4）锅烧热后下入花生油 1.5 千克，烧至六成热，下入挂糊"上劲"后的五花肉条，慢慢加热炸制，使肉条中的油脂溢出，至金黄色捞出备用。（5）锅烧热，下入花生油 30 克、香葱段、姜片、八角、干红辣椒炒香，下入炸好的小酥肉、黄豆芽、饮用水烧开，撇去浮沫，倒入砂锅，改成小火，下入盐 8 克和十三香调味，炖制烂熟即可。

特点：汤色金黄，味道鲜香浓郁，形态美观，是一道难得的美味佳肴。

砂锅豆三样

"砂锅豆三样"系近年创新菜。豆腐，源于信阳，盛于淮南，遍及全国。信阳是豆腐发源地，信阳人把烹制豆腐之法运用得淋漓尽

致。"砂锅豆三样",以信阳豆腐、千张、豆筋为主食材,配以作料,用高汤煨制而成。其汤色乳白、汤味清香、汤汁鲜美、营养丰富、入口润滑、口感细嫩,是一道信阳特色素食佳肴。此菜以浉河区柳林老街豆腐为主料,口味正宗,老幼咸宜。

青红椒鸭蛋干

"青红椒鸭蛋干"是商城县创新名菜。此菜名字中虽有"鸭蛋"二字,却与鸭蛋没有关系。

鸭蛋干是商城特产,是采用传统工艺卤制而成的臭豆腐干,从清道光年间流传至今。其卤水由 19 种中草药配制而成。豆腐干有臭鸭蛋味,因此得名"鸭蛋干"。将鸭蛋干与青椒、红椒一起炒制食用,回味无穷,具有提神、健胃、软化血管等功效。

固始绿豆丸子

"固始绿豆丸子"系固始县传统名菜。绿豆丸子,又叫绿豆圆子。源于唐朝,至今已有 1000 多年的历史,是固始城乡人民春节必备之食品。每年农历腊月二十五后,每家每户根据人口多少、经济状况炸制绿豆丸子，量少则十来斤，量多则几十斤，家家必炸。炸过后将绿豆丸子放入"气死猫"（竹编盛器）内，挂在房檐下或其他通风处，可存放至次年端午节。在家待客或走亲戚送人均可。

平时可用腊肉汤或清汤加白菜、粉丝及葱、蒜等作料烩制，简单方便，食之味道鲜美，既可当菜食，也可以充饥。如今，绿豆丸子更成为休闲美食和馈赠佳品，还有人据此开发出肉丸子、野菜丸子等系列产品。

制作方法：将绿豆适量洗净（有的不洗）晒干，用石磨磨碎（叫破豆子），用清水浸泡去皮（叫漂豆子）后，再磨成糊状，加入葱、姜、食盐等作料（或根据个人爱好再加辣椒、米虾等），搅拌均匀，然后取圆状（用手挤或用勺子舀）入热油内炸至金黄色即可。

特点：炸好后趁热干食，皮酥肉软、油而不腻。

二、信阳风味小吃

信阳热干面

"信阳热干面"是一道典型的豫南传统风味小吃。它最早从湖北武汉传来，后经不断改良，逐渐演变出独具信阳特色的口感和味道，并成为信阳饮食的一个标志

性符号，是众多在外奋斗的信阳游子乡愁的寄托。

主料：面粉 500 克。

辅料：饮用水 700 克，榨菜 20 克，盐 12 克，老抽 5 克，芝麻酱 12 克，八角 2 克，黄豆酱 50 克，小磨香油 4 克，香葱花 3 克，鲜辣粉 1 克，香菜 2 克，食用碱 7 克。

制作方法：（1）将面粉 500 克、饮用水 200 克、盐 6 克、碱 7 克下入盆中，和均匀。（2）将和好的面团下入压面机，压制成热干面。（3）将压制好的热干面煮至六成熟后冲凉沥水盘油。（4）炒锅烧热，下入饮用水、盐、八角、黄豆酱、老抽，小火熬制 5 分钟，做成酱盐水。（5）取出制作好的热干面 150 克抖散，下入沸水锅中，烫透捞出，沥干水，盛入碗内。（6）下入酱盐水 20 克、芝麻酱、小磨香油、鲜辣粉、榨菜、香葱花，拌匀即可食用。（7）可根据个人口味下入炒熟的肉末、千张、绿豆芽、香菜、蒜泥、红油辣椒等调味。

特点：咸香浓郁，筋道爽口，风味独特，老少皆宜。

麻里贡馓

"麻里贡馓"又称"金丝贡馓"，以信阳市淮滨县的制作工艺为最佳。它采用优质弱筋面粉精制而成，馓条纤细嫩黄，入口浓香酥脆，味道咸淡适中，可干吃、可

入汤。早在春秋战国时期，这里就开始生产馓子，并世代流传着"楚相孙叔敖淮河治水，百姓答谢送馓子"的感人故事。明清时期，馓子

成为宫中贡品，被称为麻里贡馓。

主料：面粉5千克。

辅料：水2.8千克，芝麻25克，花生油1.65千克，盐100克。

制作方法：(1)将弱筋面粉放入盆内，下入常温饮用水、芝麻和盐，待盐融化后把面和匀，揉成柔软光滑的面团，盖上湿布醒面20分钟。(2)将醒好的面团置于案板上，用手压平，切成粗条状，盘入盆内，下入花生油150克，继续醒面0.5小时。(3)把醒好的面倒在案板上，搓拉成小条盘入盆内，再醒1小时。(4)把小条从手掌虎口的位置往指尖方向缠绕，到食指尖止。(5)把花生油1.5千克下入锅中烧至七成热。(6)将面条的一头夹在左手的虎口处，用右手捋住面条，往左手并排伸出的4个指头上缠9至10圈，再取一双长筷子，撑在缠好的面条圈内，用双手拿住两头，往外抽至20厘米左右长，投入油锅中，刚一见热，立即将一头扭转，然后抽出筷子，在油锅中炸至定型，呈柿黄色捞出即成。

特点：色泽金黄，香气浓郁，口味鲜香，粗细均匀，质感酥脆。

勺子馍

"勺子馍"是信阳市平桥区的一道传统风味小吃，因制作时需用两把特制的铁勺塑形，故叫勺子馍，当地人也称其为"面窝"。其成品呈饼状，边厚中薄，正中有孔，外焦里软，咸香爽口，是一道颇具豫南特色的美味佳肴。

主料：籼米 1.5 千克。

辅料：老豆腐 420 克，饮用水 600 克，花生油 1 千克，香葱 60 克，姜末 50 克，调味料 20 克，盐 15 克，细辣椒面 5 克。

制作方法：(1)籼米加常温水后浸泡 8 小时。(2)香葱切成香葱花，姜切成末，老豆腐切成边长 2—3 毫米的小方丁。(3)将泡好的籼米下入磨浆机内，往磨浆机内不停滴水直至打好；下入香葱、盐、姜、细辣椒面、老豆腐方丁、调味料调成糊。(4)把糊舀到铁制的凹底勺子里，在勺子中间扒开小洞，依次制作成 30 个勺子馍。(5)锅内下入花生油烧至六成热。(6)将勺子连同面糊下入，炸 3 分钟至面糊与勺分离，再炸 5 分钟至勺子馍漂浮在油面上时即成。(7)可根据个人口味加入红、白萝卜丁。

起酥肉馅烧饼

烧饼，属大众化的烤烙食品，品种多样。"起酥肉馅烧饼"是信阳市商城县的一道传统风味小吃。它以面粉、黑猪五花肉、油酥为主要原料，包馅成形之后，用

烤箱烤制而成。其成品外焦里嫩，层次分明，不油不腻，香酥可口，风味十分独特。1983 年 3 月，在河南省名菜名点风味小吃展销会上，"起酥肉馅烧饼"被评为"河南风味名吃"。

高桩馍

"高桩馍"又名"千层糕",是信阳市潢川县的一道传统风味小吃。它做工精良、口味独特,成品色白光亮、清香耐嚼、回味悠长。宋代,光州馍比外地馍高一头、细一圈,当时称"光州馍""光州农庄馍",作为来往商贾必备食品,驰名江淮一带。

主料:面粉 2.65 千克。

辅料:饮用水 800 克,米酒 350 克,酵母 5 克,碱 6.5 克。

制作方法:(1)把面粉 500 克、米酒 350 克和酵母 5 克放入盆中,和均匀,常温下发酵 8 小时(冬季发酵 12 小时)。(2)把面粉和酵头放入盆中,倒入 45℃ 的饮用水,和均匀。(3)将面团揉匀,放在面案上,用力多揉几次,每揉一次撒一次面粉,将和好的面团放置于室温 30℃ 的环境下醒面 1 小时。(4)将面团搓揉成直径 8 厘米的长条,做成 40 个 100 克的面剂,每个面剂多揉几遍,再搓团成高 10 厘米左右、直径 4 厘米左右的圆顶生坯,顶部呈半圆形,底部向上凸,整齐地摆放在木盘内,加布盖好,醒 0.5 小时左右。(5)把醒好的生馍坯用手再搓一遍,然后直接摆放在铺有湿笼布的屉内,每个生馍坯之间相隔 1 厘米左右,摆完后,用湿布盖在生馍坯上面。(6)蒸锅内水烧沸腾,然后将笼屉移至沸水锅上。扣上笼盖时用笼盖压住上面湿笼布的四角,用旺火蒸 25 分钟即熟,下笼时迅速把上面的笼布掀起来。

鸡蛋灌饼

"鸡蛋灌饼"是流传在信阳市罗山县一带的传统风味小吃。改革开放后，勤劳的信阳人把它带到了祖国的大江南北，成为人们喜爱的风味美食之一。

主料：花生油 15 克，面粉 500 克。

辅料：香葱花 5 克，开水 300 克，鸡蛋 1 个，油酥 10 克，盐 8 克。

制作方法：（1）将面粉 500 克、开水 300 克和盐 5 克和成柔软的面团，静置 0.5 小时。（2）取出面团轻轻揉匀，取一份面团 50 克擀成长条片，均匀地抹上油酥和花生油 5 克，撒上盐 2 克，对折，从一端卷到另一端，卷紧实，在封口处将面片捏紧。（3）卷好后，将面团立起，用手掌从上往下按平，然后用擀面杖擀成薄饼备用。（4）锅置火上烧热，下入花生油 10 克，下入薄饼，中小火烙制；当饼的中间鼓起来时，迅速用筷子将鼓起的部分扎破，形成一个小口。（5）将打散的鸡蛋 1 个、盐 1 克、香葱花、十三香灌至其中，然后翻一面继续烙制。（6）待两面煎成金黄色即可。可根据个人口味，使用猪油烹制，也可在烙好的鸡蛋饼上抹上甜面酱（辣椒酱），卷上生菜（或香肠、豆芽、胡萝卜丝、土豆丝、火腿、榨菜丝）。

特点：松软可口，外焦里嫩，营养丰富，即做即食，携带方便，深受各地食客喜爱。

信阳糍粑

糍粑为信阳传统名吃，主要产地有商城、新县、潢川、光山等地。糍粑的制作过程是：将上等优质江米淘净蒸熟后，放进石臼内反复捶捣成泥状，趁热用擀杖擀薄，切成方块或长条状。糍

粑可烤、可煮、可煎、可炸，尤其是春节期间，亲朋好友来访，最好的见面礼便是煮上一碗荷包蛋糍粑。若将糍粑包上各种馅料，油炸烤煎，风味更加独特鲜美。包馅的糍粑不宜久存，切成块状的糍粑久放易干裂，可用清水泡之，勤换水，可保存3个月以上。打糍粑是豫南民俗，每到春节，家家户户都会"杀年猪、做米酒、打糍粑、晒腊肉"，以迎接新的一年。

光州贡面

"光州贡面"为潢川传统工艺食品，始于唐代，因其"夺魁九州、风销华夏"而成为进贡朝廷的宫廷面。若以鸡汤、鲫鱼汤煮面，辅以其他作料，口感滑润爽口，味道鲜美无比。

主料：面粉、盐。

制作方法：（1）和面：将小麦粉和盐水按一定比例混合，和面时间 10 至 20 分钟至面质均匀，醒发 1 小时。（2）切条、盘条、装盆：将醒发好的面团擀压均匀，切条搓成圆条，涂抹少许食用油，将圆条层层盘入盆中。（3）上筷子、打小架：将室内静置醒发后的盘条呈"8"字样绕在两根竹筷上，静置醒发 2 至 3 小时，将两竹筷间的面拉长到 50 至 70 厘米，继续醒发 3 至 4 小时。（4）上大架：将醒好的面置于户外，逐渐拉伸至 2 米至 3 米，固定竹筷。（5）晾干：自然晾晒 2 至 3 小时，不宜暴晒。

特点：色泽浅黄，形如细丝，截面有微孔，筋道爽口。

商城滑肉汤

"商城滑肉汤"是一种独特的商城小吃。有点像西北的"拨鱼"或北方的"疙瘩汤"，不同的是，滑肉汤是以肉为主料，而不是面。

将五花肉纯瘦的部分切

成肉丝，再放入面粉中滚成肉丝面疙瘩，入锅中煮熟，锅中的汤可以用鸡汤。将酸萝卜切块，放入锅中同煮。在肉丝面疙瘩入锅煮熟过程中，面粉自然将鸡汤勾成粥状。放入盐和胡椒粉，汤的味道咸鲜，肉丝面疙瘩入口软滑。

水煮绿豆丸

"水煮绿豆丸"为商城县名小吃。其加工制作程序如下：蒜黄切小段，娃娃菜切小片，葱花准备好；锅里放油烧热倒入蒜黄炒香，倒入蚝油、生抽、胡椒粉，加一点点水翻炒入味，加入娃娃菜，再倒入适量的水烧沸；开锅后倒入绿豆丸子，待丸子煮软，加入食用盐、陈醋、香菜、葱花，最后再滴入一点儿香油即可。

松针小笼包

"松针小笼包"为商城县名小吃。

制作方法：（1）把肉馅拌好。（2）包好小笼包。（3）松针剪去根部下水汆一下。（4）先把汆好的松针铺在笼屉上，再把小笼包生坯摆在上面。（5）大火蒸制7分钟。

蒸好的松针小笼包咬上一口鲜美无比，有一种特别的松树香气。

息县油酥火烧

"息县油酥火烧"又名"香酥饼""油酥馍""千层饼"，系信阳市

息县传统名小吃，一般用铁鏊烙制再加火烧而成。始创于明代，已有400多年的历史。清朝咸丰年间，息县城关东街的油酥馍，就是名扬汝宁府12个县的美味佳品。

1947年后，熊明德徒弟彭增仁技艺超群，驰名中州。彭增仁制作的油酥馍，层多透亮，薄而有弹性；揿起尺把高，松手又弹合在一起；吃到嘴里，酥脆甜香。1980年，彭增仁到省城竞技献艺，受到大家的交口称赞。1983年，"息县油酥火烧"被载入《中国名食指南》一书，成为河南名食；现在，又被列入信阳市非物质文化遗产名录。

主料：面粉1千克。

辅料：饮用水594克，香葱花10克，花生油90克，猪油50克，盐4.5克，香油10克。

制作方法：（1）先取面粉500克，用开水94克烫面，揉成颗粒状，再下入面粉500克，揉均匀；下入常温水500克和成面团，用毛巾盖上面团醒面6—8小时。（2）将猪油和花生油40克以1∶1的比例进行调和。（3）将醒好的面分成12个重约50克的面团，擀成薄饼状。（4）在面片上抹上花生油、香葱花、盐，对折后抹花生油，卷起按下，再用擀面杖擀成圆形面饼。（5）将面饼放在铁饼铛上烙烤，不断翻面至双面金黄，起层时，再放入炉中烤制3分钟即可。根据个人口味，还可以下入鸡蛋，口感更加酥软。

特点：色泽金黄，口味鲜香，层次分明，质感酥香。

信阳石凉粉

"信阳石凉粉"(又名
"冰茶爽"),是信阳独有的
消夏清凉食品,类似果冻。
由于是用天然植物做出来
的,比果冻更健康,且老少
皆宜,所以该食品深受信阳
人的喜爱。

制作"信阳石凉粉"的原料叫作石花籽。石花籽又名假酸浆。这
种石花籽个头非常小,与芝麻粒大小差不多,现在很难见到。使用传
统方法制作石凉粉,需先用手搓石花籽,再加入石灰水,制作方法麻
烦且不好掌握,一般人难以制作成功,而且不是很卫生。现在人们可
以直接用"冰老头"石凉粉原料冲调出石凉粉,这种方法方便、简单,
做出的石凉粉卫生且有益健康,所以很多人在家中就可以制作石凉粉。

橡子凉粉

"橡子凉粉"是用信阳
山区百姓采集的大别山橡实
经水磨、过滤、沉淀、烧制、
凝结等流程制成的橡子淀粉
食品,是信阳市区居民喜爱
的山野美食之一。

制作方法:将橡子凉粉切成条状或片状长方体放入盘中,再放入

葱花、蒜末、1勺香油、2勺辣椒油、1勺白糖、3勺生抽调制即可。

光州豆米

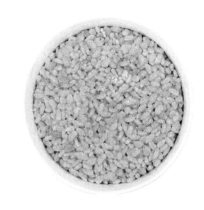

在很久以前，居住在豫东南鱼米之乡的光州人（今潢川人）过着丰衣足食的日子。那时，人们常吃一种叫"豆米"的糯米食品，它集松、酥、香、脆于一体，在民间广为流传。

古时候，光州的先民们为了提高生活质量，在发明了"光州贡面"的同时，在如何吃好米的方面动起了脑子。他们经过无数次的试验、失败、再试验，终于创造了一种糯米食品加工的新工艺，制作出了一种又松又酥、又香又脆的炒米。因其形状如豆，后人就把这种炒米叫"豆米"，又因为是光州人发明的，对外称"光州豆米"。而光州人为了叫起来方便、顺口，就直接称其为"豆米"。

"光州豆米"吃起来方便、爽口，且易消化、健胃，营养丰富，是一种饮食佳品，特别适合病人和月子里的女性（产妇）食用。同时"光州豆米"也是人们馈赠亲朋好友的佳品，光州人走到哪里，就把豆米带到哪里。"光州豆米"是一种纯手工工艺制品，技术含量高，工艺复杂。

制作程序：一是选米。"光州豆米"的原料是糯米（又称江米），首先，选出上等糯米，要求个大、颗粒饱满、干净、无杂质、无霉点，用簸箕簸去米糠、秕子，簸完后再用筛子把碎米筛掉，然后对筛好的米进行粒选，去掉杂米杂质，把米放好备用。二是泡米。三是蒸米。

四是晒米浆子。五是炒米。六是包装和保存。

信阳胡辣汤

"信阳胡辣汤"传说是由三国时期信阳人蜀国名将魏延创制的。"信阳胡辣汤"与外地胡辣汤不尽相同，味型的不同是根本差异所在：信阳重在用胡椒；外地要么突出辣味，要么突出麻味，要么突出孜然味。另外，在用芡上，"信阳胡辣汤"的肉片是挂芡的，汤是勾流水芡的，但又稍浓一些，而外地胡辣汤多不挂芡，即便挂芡，也不如"信阳胡辣汤"芡稠；"信阳胡辣汤"肉色红润，外地胡辣汤色泽较淡；"信阳胡辣汤"汤味浓厚，外地胡辣汤汤味稍薄。如"漯河胡辣汤""西平胡辣汤""平顶山胡辣汤"等，均与之不同。

信阳市著名的胡辣汤店有穆记胡辣汤，位于信阳市胜利路与礼节路交叉口。

信阳除市区牛肉胡辣汤外，还有风味独特的"潢川胡辣汤""固始胡辣汤"。如以原料来分，潢川等地有"鸡肉胡辣汤""猪肉胡辣汤"，固始有特有的"河鲜胡辣汤"，信阳市区有"牛肉胡辣汤"和"素料胡辣汤"。在这些胡辣汤中，淮滨县的做法最为别致，加入了海带、粉丝、花生米、面筋、水滑肉，淮扬味儿十足，更加营养时尚。"信阳胡辣汤"主要调味料是胡椒、辣椒、葱、姜，制作时大多需勾芡与挂芡。勾芡与挂芡才是"信阳胡辣汤"的独特之处。

主料：净牛肉 500 克。

辅料：芡粉、胡椒粉、辣椒粉、生粉、八角、花椒、桂皮、鸡蛋、海带、水发黄花菜、盐、千张、酱油、粉条、牛骨鲜汤各适量。

制作方法：(1)将净牛肉切片或丁，置于盆中，用调料稍微拌一下；打入鸡蛋，加入生粉，拌至均匀备用。（2）锅置火上，倒入牛骨汤至微开时，将拌匀之牛肉均匀下入锅内，汆煮至熟，捞出放入温开水中。（3）将锅内汤面浮沫撇净，逐次加入各种调味料及海带片，调匀口味及色彩后勾芡，将汆好的牛肉捞出下入，再将发好的黄花菜、粉条下入，搅拌均匀即成。吃时可加味精，并根据自己的口味适当增加胡椒的用量。

特点：信阳市区牛肉胡辣汤呈红色，质地滑嫩，汤味鲜浓，胡椒辣味突出，具有暖胃祛寒、温经舒筋、强身健体之功效。

淮滨炒面

"淮滨炒面"是 20 世纪八九十年代流行于淮滨城关的知名小吃。由于味美价廉，炒面在淮滨成了很受人青睐的家常食物。一盘炒面，外加一碗鸡蛋汤或一瓶啤酒，既满足了口腹之欲，又花钱不多，非常适合平民阶层的消费需求。

制作方法：（1）在炒锅内倒入油加热，把机轧的湿面条放入锅中摊开，煎至金黄色后盛出备用。（2）炒锅内倒油加热，将用淀粉浆好的肉丝倒入油锅将其炒散，待肉丝变色后倒入漏勺沥油。（3）锅中留少许底油，放入葱、姜煸炒，再放入小青菜、绿豆芽炒一下，倒入炒好的肉丝，加盐、味精、酱油，添高汤煮沸入味后起锅。（4）把煎好的面条放入锅内，倒入第（3）步炒好的菜的汤汁炒拌均匀，待汤汁吸尽后，将余下的浇头倒上拌匀即成。

三、信阳著名筵席

（一）司马光家宴

2018 年 9 月 10 日，"中国菜"在河南省正式发布，34 个地域菜系、340 道地域经典名菜、273 席主题名宴新鲜"出炉"。"司马光家宴"被列入"中国菜"河南十大主题名宴。

"司马光家宴"共有 24 道菜肴，含四凉、十六热、四面点。全部统一食材、统一工艺流程、统一制作标准，原汁原味、鲜香醇爽，具有浓郁的光山特色。"司马光家宴"菜谱的精选和确定，体现了光山智慧之乡的集体智慧。

光山县通过媒体向社会广泛征集菜肴，初选录入 80 余道菜肴，后采用公开投票方式进一步征集社会各方面意见，最终以光山传统"四大名菜"（"香椿炒鸡蛋""甲鱼下卤罐""腊肉炖黄鳝""泥鳅拱大蒜"）为代表的 24 道菜肴入选第一批"司马光家宴"菜谱。

（二）浉河茶宴

此宴由浉河区文旅局与有关团队联合研发，包含享用浉河茶膳、观赏茶文化艺术表演、答谢宾客等内容。针对不同的宾客群体提供家庭茶宴（大众型）、团体茶宴（经济型）、商务茶宴（中高端型）三大类

茶宴，满足不同层次人群的需求。"浉河茶宴"采用我国传统宴席的统一制式，突出豫南风情，主菜单以信阳市发布的如"信阳菜烹饪技艺·信阳焖罐肉"等一批符合河南省地方标准的系列特色菜肴为基础，结合浉河特色进行优化筛选组合而成。茶食、茶膳以茶和信阳特产食材为原材料，集信阳菜之精华，每一道精心制作的菜品菜肴、茗菜茗粥、茶点茶糕，都体现出其文化内涵及审美情趣，如融入了中国传统诗歌与绘画的艺术美感，带给食客美好的视觉感受、味觉体验和意境享受。

（三）圆房酒

"圆房酒"也叫"团圆酒"，为信阳市商城县一带婚庆宴席之一，具有历史悠久、仪式感强、民众喜闻乐见等特点。举办时间为婚日下午五六点钟，地点在喜家正堂，酒席菜十大碗以金字塔形摆放，新娘、新郎出席，八位未婚男女作陪，支客司唱团圆歌，亲朋好友喝彩表达对新人的良好祝愿。仪式结束，众人簇拥着新娘、新郎入洞房。

"圆房酒"宴席上，十大碗菜一般是"人参炖猪心""清炖老母鸡""萝卜炖老鸭""竹笋炖猪肉""莲子炖红枣""清炖牛腩汤""韭菜炖豆腐""商城筒鲜鱼""香菇炖大肠""鸡汤烩鱼丸"等，每道菜都有美好的寓意。圆房酒仪式中，支客司唱团圆歌，表达对新人的良好祝愿：

先敬新人一杯酒，相敬如宾感情久；
一品人参炖猪心，步步高升永同心；
二品清炖老母鸡，心想事成笑嘻嘻；
三品萝卜炖老鸭，万事如意乐呵呵；
四品竹笋炖猪肉，两口夜夜一头秀；

五品莲子炖红枣，状元儿子生得早；

再敬新人一杯酒，终生相伴手挽手；

六品清炖牛腩汤，儿成对来女成双；

七品韭菜炖豆腐，共同奋斗创财富；

八品商城筒鲜鱼，财源广进年有余；

九品香菇炖大肠，人兴财旺富贵长；

十品鸡汤烩鱼丸，五世同堂喜团圆；

三敬新人一杯酒，子孙万代啥都有！

三巡美酒已敬完，十道美味都尝遍；

天生一对结良缘，光宗耀祖在眼前；

公公围着儿媳转，奶奶领着孙子玩；

状元及第捷报传，健康长寿万万年！

按当地民间传说，夫妻结婚时，没喝"圆房酒"，婚后又不补喝，一生必定聚少离多，下辈子将很难再结成夫妻。

2020年3月，"圆房酒"被列入信阳市非物质文化遗产名录。目前，"圆房酒"项目保护单位分别在商城县饮食文化馆、南关古街、信阳天龙大酒店设立"圆房酒"习俗展示厅，并摄制纪录片《炖菜之乡·圆房酒》和微电影《圆房酒》。

第五章　信阳菜的传说

信阳地处鄂豫皖三省交界处，又位于淮河、长江两大水系之间，是中原文化、楚文化和吴越文化相互影响、渗透、交流、融合之地，文化底蕴深厚。成长于斯的信阳菜，除了拥有鲜、香、爽、醇的鲜明风味特点外，与之相伴的故事传说色彩斑斓、丰富多彩，几近一菜一故事、一席一传说。

红焖甲鱼

明朝中期，信阳州是有名的鱼米之乡，盛产河鲜，当地百姓靠山吃山，靠水吃水，在河鲜的吃法上有独到之处。

有一年科举考试前，城中有两位生员一起到郊外吟诗作对，个子高者叫艾继光，个子低者名为吴忠民。不知不觉已近晌午，两人感到腹中饥饿，便走到路边一家小饭馆休息。掌柜的是一位憨厚老者，旁边站着一位小姑娘。两位生员这时早已饥肠辘辘，连忙喊道："小二，赶快把好吃的端上来。"

小姑娘手脚麻利，很快端上了几盘绿莹莹的素菜，两位生员连忙吃了起来。过了一会儿，吴忠民突然喊道："怎么尽是素菜，不见荤腥，快端荤菜来。"小姑娘面露难色道："客官，小店并无荤菜。"吴忠

205

民喊道："怎么没有，我都闻到肉香了，赶快端上来。"小姑娘没有办法，只好从厨房端出一盆菜肴来。待小姑娘走近将菜往餐桌上一放，吴忠民先是惊愕，继而勃然大怒："大胆，怎么让我们吃这等下作之菜？！"原来竟是一盘用甲鱼做的菜。

在当时，因甲鱼（又称元鱼、老鳖、王八）长相丑陋且附会了不少传说，很多人厌恶此物，更别说食用了。

见吴忠民大发雷霆，店中老者赶忙上前道："二位客官请息怒，小女刚已说过本店并无荤菜，此菜是小老儿自己食用的。"吴忠民依旧不依不饶，难平怒火。

这时，艾继光站了起来，拍了拍吴忠民的肩膀，说道："仁兄也不用生气，我倒觉得此物颇为不凡。你看，这道菜金黄肥腴，汁浓肉亮，香气四溢，只要烹调方法得当，说不定是一道好菜，刚才我们不正是闻到香气才叫的此菜吗？再说了，此菜不仅香味独特，而且寓意吉祥，可谓'独占鳌头'，这不正预示着今年的科考我俩定有人能独占鳌头吗？"

吴忠民一听，认为言之有理，是好兆头，脸上重新露出了笑容。俩人拿起筷子，慢慢品尝起来，滑嫩筋道的口感竟然让他们食欲大开，不知不觉多喝了二两酒。酒足饭饱之后，两人高高兴兴地回到城里。

日子一天天过去，父女二人正常经营着小店。这一天，突然听到外面鞭炮齐鸣，一片喧哗，正纳闷间，店门帘突然被人掀开，走进一群人来。父女俩十分惊慌，不知所措，顺着人群望去，最后走进来的竟是一位个子高高、身穿鲜艳官服的人。这位官人大步走到掌柜跟前说道："老丈，还认得我吗？"父女俩仔细一瞧："呦！这不是之前来店里吃饭的那位高个生员吗？"艾继光见父女俩认出自己，哈哈大笑道："那天来这里吃了一道菜肴，至今念念不忘，中了进士，路过此处忍不住进来想再品尝一下。"父女俩赶紧安排官人入座，到后厨做了道红焖甲鱼端了上来。进士吃过，赞不绝口，并打赏了父女二人。

生员吃甲鱼进士及第的故事一下子在信阳州传开了。此后，信阳州参加科考的生员，为了讨得好彩头，能进士及第，都到父女二人的小店里吃红焖甲鱼，慕名而来的客人络绎不绝，红焖甲鱼逐渐在民间流传开来，成为当地一道特色菜肴。

罗山大肠汤

罗山大肠汤的传说与明朝开国皇帝朱元璋有关。传说在明初，罗山县城关南有一个姓李的屠夫，平时以给大户人家宰杀牲畜为谋生手段。每次干完活之后，他觉得猪下水扔了怪可惜，于是就将猪下水带回家，洗净之后过水再放盐、蒜、姜调味儿，大锅熬着吃，没想到味道异常鲜美。渐渐地，李家大肠汤的名气便传播开来。

一次偶然的机会，朱元璋在前往灵山寺还愿路过罗山县城的时候，正好在此歇息并大摆宴席，席间的大鱼大肉并没有提起朱元璋的胃口。不经意间，膳房那边飘来了一股诱人的香味儿，这下把朱元璋的食欲勾起来了，连忙问道："这是什么菜肴如此诱人？"随从赶忙回应道："李氏大肠汤也。"

在品尝完李氏大肠汤以后，朱元璋连连称道："此味只应天上有，人间哪得几回食？"朱元璋下旨将李氏一起带回应天府，御赐"一品美食大肠香汤"的匾额，让他专为王公贵戚做御膳大肠汤。自此以后，罗山大肠汤便成为一道宫廷御菜而名扬天下。

板栗焖鸡

"板栗焖鸡"源于"何氏孝母"的故事。故事发生在信阳市西北的一个村子，它以孝为名，因孝成名，它就是和孝营村。

相传，清朝时，信阳有位孝妇何氏，丈夫长年在外，她守在家中侍奉婆婆。有一年，水灾、旱灾不断，庄稼颗粒无收，再加上匪患不断，民不聊生。何氏带着婆婆同村里的人一起躲进了山里，每天以泉水、野菜充饥。婆婆年迈，加上食不果腹，很快就病倒了。何氏决定爬深山、钻老林为婆婆寻觅食物。

脚上的鞋磨破了，双手划满了血口子，何氏丝毫感觉不到疼痛，只管深一脚浅一脚地苦苦寻觅。突然，她的眼睛一花，脚底一滑，滚下山沟。待何氏醒来，发现自己竟然跌落在野生板栗树旁，树上挂满了板栗，远处还有一只因受伤而动弹不得的山鸡。何氏如获至宝，顾不上全身的疼痛，赶紧捉住山鸡，又摘了满满一篮子野栗子。

当何氏一拐一瘸地走回去的时候，已是正午。她顾不上歇息，支起灶火，把采来的野栗子同山鸡一同焖了。香气扑鼻的"板栗焖鸡"做好了，早已饥肠辘辘的何氏一口没尝就端到了婆婆面前。听着何氏的离奇遭遇，看着何氏满手的伤痕，老人家不由得老泪纵横，颤巍巍地说："孩子，你为了我差点连命都丢了呀！""只要娘的身体能好起来，我受再多的苦也是应该的。"何氏说着，把一块焖得酥烂的鸡肉喂到婆婆口中。

一锅"板栗焖鸡"，婆婆一连吃了好几天，身体逐渐好转。

随后，何氏带领着村民，摘板栗，抓山鸡，帮助村民渡过了难关。何氏孝母的故事口口相传，有口皆碑。后人感念何氏孝德，钦佩何氏孝举，遂将村子以何为姓，以孝为名，后演化为和孝营村。

因当年何氏给婆婆做了那道"板栗焖鸡"，自此为家中老人烹制"板栗焖鸡"成了当地人表达孝心的一种独特方式。后来，人们的生活水平提高了，食材多用仔鸡，辅材也更加丰富多样，这道菜就演变成"板栗焖仔鸡"了。

每到收获的季节，信阳西北和南部山区的村民，家家户户都围坐在一起，吃着"板栗焖仔鸡"，感受着一家人在一起的幸福和快乐。

腊肉焖鳝鱼

宋神宗元丰二年（1079），苏东坡因"乌台诗案"贬谪黄州。次年正月，苏东坡一行离开汴梁，打马向南，前往黄州。他并不急于赶路，而是走走停停，一路游山玩水。待到四月，苏东坡到了息县。息县县令知道苏东坡既是名满天下的诗词大家，也是位美食家，便嘱咐家厨用好酒好菜招待苏东坡。

县令的家厨是光州（今光山、潢川一带）名厨，知道苏东坡是四川眉山人，眉山出腊肉，苏东坡一定爱吃腊肉，但四川的腊肉同光州的腊肉无论是在制作方法还是风味上都有很大不同，苏东坡一定没吃过光州腊肉。于是，家厨准备为苏东坡做一道以光州腊肉为主要食材，搭配其他本地特色食材的美食。

次日早晨，家厨到菜市寻找合适食材。突然，一只黄鳝跳出网兜落到脚前。他眼睛一亮，心想：就是它了。这更应了一句俗语："鞭杆鳝鱼、马蹄鳖，每年吃在三四月。"

饭菜备齐，县令款待苏东坡。宾主落座，县令向美食家苏东坡一一介绍桌上菜肴。当介绍到"腊肉焖鳝鱼"这道菜时，却一时语塞。

县令倒也诚实，说："这道菜是家厨第一次做，我也没吃过。"

苏东坡说："如此看来，我是有幸品尝这道菜的第一人也。"说罢，拿起筷子，夹了一块腊肉放到嘴里，食之，满嘴流油，又香又筋道。又夹了块鳝鱼放进嘴里，一咬，又鲜又嫩，一连吃了好几块。酒足饭饱，苏东坡对"腊肉焖鳝鱼"赞誉有加，称其"美也，奇也，独也"。能得到大诗人、美食家苏东坡的肯定，县令甚是高兴，遂将"腊肉焖鳝鱼"列为家宴之首。每每贵客临门，必做此道菜肴。

几年过去了，县令因政绩卓著被调离重用，想把家厨一起带走。家厨念八旬老母，请辞回家照料。县令感其孝心，特准之，并馈赠厚礼，帮其尽孝道。家厨回家之后，常常给母亲或客人做这道"腊肉焖鳝鱼"，久而久之，这道菜的做法广为流传，后逐渐发展成为信阳特色菜肴。

信阳炕豆腐

古代中国为农耕社会，饮食以五谷为主，少肉、少油。豆腐的产生，补充了蛋白质的食物来源，从食材的发展史来说，它是伟大的创举。

豆腐营养丰富，是颇受人们欢迎的日常食用佳品。豆腐好吃人尽皆知，但豆腐的由来，未必人人皆晓。据说，豆腐是由淮南王刘安在义阳（今信阳境内）炼丹时机缘巧合发明的，后流传至民间，造福了百姓。《本草纲目》就有记载："豆腐之法，始于淮南王刘安。"

刘安即汉高祖刘邦之孙，一生痴迷于道学，欲求长生不老之术，不惜花重金广招方术之士，不料炼丹未成，却用石膏点豆浆，制成了豆腐。刘安仙逝后，被葬于今信阳市浉河区游河西 2.5 公里处。葬刘安时，他的随从们做了豆腐汤，宴请前来帮忙的百姓，百姓都对豆腐的味道赞叹不已。为表达对刘安的纪念，"喝豆腐汤"逐步演变成了当地人的丧葬风俗，一直延续至今。在信阳游河、柳林、浉河港、黑龙潭、李家寨一带至今仍保留着"喝豆腐汤"的习俗。

民国十年（1921），刘安墓被百姓无意中挖掘，出土文物中，有淮南王大印、佩剑、铜镜等物品，印证了墓主人的身份。这次无意的挖掘，被载入了《重修信阳县志》，也为豆腐发源于信阳提供了有力的佐证。

信阳作为豆腐的发源地，以豆腐为食材的美食，尤为多样。其中，"信阳炕豆腐"，不仅是信阳人民智慧的结晶，还体现了信阳"豫风楚韵"这一独特的地域文化特征。

信阳地处豫南，素有"北国江南"之美称，亦有"鱼米之乡"之美誉，盛产稻谷，兼有面食。在饮食方面，受中原食文化与楚食文化的影响，南北风味，交融并蓄。信阳豆腐，选用天然山泉水制成，具有软嫩细腻、高蛋白、低脂肪的特点，有诗赞曰："磨砻流玉乳，蒸煮结清泉。色比土酥净，香逾石髓坚。"经信阳人创新融合，北"炕"融入南"煎"之法，制作"信阳炕豆腐"时，加入少量油，将豆腐炕制得一面金黄、一面乳白，根据时令季节，选择黄心菜、香葱、大白菜等配料，做成这道独具特色的地方名菜。如今，豆腐的品种增多了，吃法更是五花八门，是寻常百姓家的美味佳肴，也彰显着大道至简、兼收并蓄的中国文化。

清炖老鸭汤

公元 690 年前后的一个夏天，晚年的武则天体弱多病，经常咳嗽不止，食欲不佳。太医为了治疗她的病，用尽了各种名贵药材，就是不见疗效。跟随武则天多年的御膳房欧阳师傅，看在眼里，急在心上。

一天，欧阳师傅忽然想起在老家申州（今信阳），每到夏天，人们经常用老鸭汤滋补身体。因为鸭肉性味甘、寒，有滋补养胃、止咳化痰等作用，尤其对身体虚弱、食欲不佳的人效果甚好。而且，光州产的州姜（即光州姜）有补气、提神、改善睡眠的功效。欧阳师傅决定给武则天炖一罐老鸭汤试试看。

于是，欧阳师傅写了一封信，托人带回家乡，让家里人买几只老麻鸭和一些州姜，请捎信的人带到咸阳。不久，送信的人将几只麻鸭带了回来，交到欧阳师傅的手里。欧阳师傅将麻鸭宰杀后，认真清洗干净，加一些葱、姜和盐，大火烧开，小火慢炖。几个时辰过去了，一罐麻鸭汤炖好了。晚上，武则天用膳时，欧阳师傅小心翼翼地将一小碗清亮的老鸭汤端到武则天的面前，恭敬地说："陛下，我托人特意从家乡带来几只麻鸭，炖了一碗滋阴补阳的老鸭汤。时值盛夏，陛下不妨喝点鸭汤，当可滋补强身。"看着欧阳师傅恭敬的样子，又看了看清亮见底的鸭汤，武则天欣喜不已，接过鸭汤，抿了一小口，慢慢咽下之后，顿觉汤鲜味美，喜不自禁，一小口一小口地将鸭汤全喝了下去。第二天一早，御膳房接到谕旨，武则天还要喝欧阳师傅炖的老鸭汤。之后，欧阳师傅每天为武则天炖两盅老鸭汤。一个多月后，武则天的气色好转，不再咳嗽，又重现了往日的风采。一天，武则天心情愉悦，邀请监察御史吃饭，欧阳师傅端上了炖制的老鸭汤。武则天说："我的身体恢复得好，得益于这道汤。"监察御史尝了一勺，赞不绝口。从此，"清炖老鸭汤"这道既能佐餐又能治病的名菜身价倍增，成了御膳房的一道名菜。后来，欧阳师傅年迈回申州养老，也将清炖老鸭汤的制作方法带到了民间，这道菜渐渐流传开来。

1000多年过去了，清炖老鸭汤早已成为申城百姓餐桌上的一道佳肴，到了夏秋季节，喝老鸭汤的习俗更是盛行。随着时间的推移，人们在汤中加入萝卜、冬瓜等辅料，赋予了老鸭汤新的内容。

汗鹅块

固始汗鹅块是一种用作料水煮制的菜肴，是元初蒙古贵族进驻信阳后传入的。"汗"，即"可汗"，是蒙古族最高统治者的称号。汗鹅块因其肉香骨酥、原汁原味深受当地居民喜爱，是固始最著名的清真菜。

鹅最名贵者,乃河南固始之鹅。固始鹅以放牧食草为主,体形硕大,体态丰腴,肉味鲜美。到了元朝,固始鹅已经成为光州著名的特产之一。那时，人们都把君主叫作"可汗"（kèhán），因此，当地人便称这种健硕结实的鹅为"鹅可汗"，以此来形容固始鹅的威武和大个头。后来，"汗（hán）鹅"逐渐变成了"汗（hàn）鹅"。据考证，因固始鹅块在烹制过程中要将滚烫的汤汁浇在鹅块上，浇过之后，鹅块表面会凝结出类似汗液的水珠，故称之为"汗鹅块"者居多。大鹅由水网沼泽区迁徙到浅山丘陵地带饲养，人们也称之为"旱鹅"。此外，在当时养这种大鹅的人多是汉族人，所以又称"汉鹅"，也有以古代烹饪之法"焊"字命名，称之为"焊鹅块"者。

清炖南湾鱼头

信阳南湾湖位于信阳市西南 5 公里处，水域面积 75 平方公里，以岛屿密布为奇、水域浩渺为美，远可望青山巍巍，近可观秀水深藏。湖中盛产南湾鱼，它是信阳人自然天成的美食，不仅成就了水的诗意，还寄托着这方水土上的人一番长长久久的美意。

在百姓家的寻常烟火中，往往藏着许多不同寻常的美食故事。

相传，清朝时期，在今南湾湖淹没之地，坐落着一个美丽的村子——冯家庄，村庄依山傍水，风景如画，村民朴实勤劳，尊师重教。村中只有冯家大户设有私塾，贫苦人家的孩子经常来窗外旁听。先生心善，一视同仁。为表谢意，孩子们常常在湖中捕些鱼虾孝敬先生。先生不忍独享，留下鱼头，把好吃的鱼肉做好，给孩子们分食。

先生的才情和善良令冯家小姐心生爱慕，以致相思成疾。先生也对冯小姐倾慕已久，便常常将悉心熬制的鱼头汤送给冯小姐。汤润脾胃，情医心结，一来二往，鱼水情深，有情人终成了眷属。

后来，南湾水库兴建，盛产南湾鱼，且鱼味极为鲜美，信阳人沿袭先人之法，多采用南湾鱼为食材炖汤，此汤逐渐演化为"清炖南湾鱼头汤"，名扬天下，成为信阳最具特色的美食之一。

"清炖南湾鱼头"就是这样一道因爱而生，食之味美、品之情长的美食。

信阳焖罐肉

"焖罐肉"是信阳家家户户爱吃会做的一道传统菜，也是所有信阳人的生活记忆。身处异乡的信阳人只要一提到"焖罐肉"，彼此立刻心领神会，同乡之谊油然而生。

豫南的乡村人家每到腊月，都会慎重挑个好日子，约上亲朋好友与邻里街坊，准备"杀年猪"。事后在自家小院大摆筵席，将新鲜猪肉做成一桌"全猪宴"与大家分享。但由于信阳春夏季闷热潮湿，剩余的猪肉自然无法长时间保存，懂得因时制宜的信阳人想到一个好办法：将猪肉炒制出油至六七成熟，放凉后用陶罐封存起来。将其放置于阴凉背光处，可以放上一整年。而这样的方式也赋予了猪肉别种风情，使猪肉在岁月的珍藏里散发出愈加诱人的异香。

"焖罐肉"一直是信阳人心头一宝。过去在农家，几乎每家都有一个土黄色瓦罐，专门用来存放不常吃的猪肉。在如今物质丰盈的年代，尽管信阳百姓不再为吃肉犯愁，但"焖罐肉"已成为一种情结，得以世代传承。

相传春秋战国时期，"焖罐肉"还曾与"战国四公子"之一的黄歇一道上演了一段救国戏码。春申君黄歇是信阳市潢川县人，当过楚国宰相。公元前298年，强大的秦国伐楚，20多年后，眼看楚国朝不保夕，楚顷襄王于公元前272年派黄歇出使秦国，务求劝秦休战。

黄歇临危受命，苦思游说之策，终日茶饭不思，庖丁（厨师）使出浑身解数，做出山珍海味也无济于事。一日，庖丁炒菜放油时，将储存在罐子里一年有余的油渣拌进菜里，未承想翻炒之后，却奇香无比。黄歇食之，胃口大开。本该腐败变质的猪肉，却因炒制和储存方式的独特而历久弥香，黄歇从"焖罐肉"中悟出了"道法自然，物极必反"的道理。他将"焖罐肉"作为贡品，进献给秦昭王。

黄歇在大秦宫殿以"焖罐肉"为喻，分析战争局势，并以物极必反的道理说服秦昭王广施仁义、罢兵休战，促成了秦、楚结盟。于是，"焖罐肉"有了救国之功，成为楚国江淮一带的名菜，也是热情好客的信阳人馈赠亲友、招待宾朋的美味佳肴。

清炖牛肚绷

"清炖牛肚绷"是一道传统信阳菜。"牛肚绷"是信阳特有的称呼，指牛腹部及靠近牛肋处的松软肉块，纹理清晰。当地人习惯配上信阳淮河沿岸的萝卜，将其炖制成汤。

关于"清炖牛肚绷"，信阳当地还流传着一个这样的传奇故事。郡县制施行以来唯一不改其名、不易其制的"天下第一县"——息县的黄牛因其膘肥体壮而名闻天下，息县牛肉历来备受推崇。

相传在息县淮河南边关店乡有个叫姬围孜的地方，住着姬家良老汉和妻子米氏，两人以种田为生。

一年，姬围孜一带发生旱灾和蝗灾，庄稼颗粒不收。姬家良夫妇只得外出投亲靠友。逃荒途中，不料被土匪拉去烧火做饭；后来土匪遭遇仇家寻仇，便抛下姬氏夫妇，仓皇逃窜。姬家良夫妇以残羹剩饭勉强果腹。食罢，发现不远处牛腹上还有一大块没被土匪剔下来的牛肉，肉质松软，这就是"牛肚绷"。姬氏夫妇就地取材，找了些姜、蒜和辣椒，炖了一锅牛肚绷，二人饱食，体力恢复，便赶到仁顺（今信阳市区）投奔了外甥。后来两人对淮河边的那锅牛肚绷念念不忘，就以息县牛肉为食材，以"清炖牛肚绷"为招牌，开了个餐馆谋生。

餐馆生意异常兴隆且久盛不衰，"清炖牛肚绷"就流传开来，在义阳、息县、光州等地成了大小餐馆的招牌菜，逐渐演变为信阳地方特色名菜，世代传承至今。

面炕鸡

"面炕鸡"是淮河一带家常风味菜。据史料记载，苏东坡因"乌台诗案"被贬，谪居黄州（在今湖北省）任团练副使。此时的苏东坡，有官无职，有名无实，反倒落得清闲，便时常游览于淮水两岸。一日闲游到了蔡州境内（即今息县、淮滨），苏东坡一行被一路的北国江南风光所吸引，流连忘返，竟误了归程，便找了一户人家歇息。这户人家，主人姓黄，黄老汉素闻苏东坡才情，又为官清正，难得一见，一心想要好好款待一番，然而家中清贫，只有自己养的两只鸡和一些白面。黄老汉急中生智，将两只小鸡宰杀，切成块，并裹上面粉，放在锅里炕了起来，炕得鸡肉两面金黄，肉香和着面香，香气四溢。而后加水炖了满满一锅，足够苏东坡一行人食用。这道菜，鸡肉软嫩鲜香，汤汁甘醇味美，苏东坡品尝后，赞不绝口，赞之为乡野之味，大雅之美！

之后，这道菜就随着苏东坡一生宦海沉浮，足迹遍布大江南北。1094年，苏东坡被贬至惠州期间，在惠州西湖长堤修建完工之日，他让厨师做出自己念念不忘的美食，以犒劳筑堤军民，其中就有这道"面炕鸡"。军民们美食美酒，三日不绝！后来苏东坡有诗云："父老喜云集，箪壶无空携。三日饮不散，杀尽村西鸡。"以纪念过往与民同建、与民同乐、与民同享的日子。

对于苏东坡而言，无论人生如何颠沛流离，唯民心、唯诗情、唯美食不可辜负！"面炕鸡"这道菜的做法，此后由黄家后人及当地百姓一代代传承发展，逐渐成为一道有信阳地域特色的名菜。但它又不仅仅是一道美食，更是这方水土上的人对一代文豪苏东坡跨越千年的追思与仰望！

煎烧小白鱼

相传，古时浉河河畔有一位隐士胡超居此传道授业。胡夫子喜好吃鱼，乡亲和弟子们有感于夫子的传道授业之恩，经常打捞河里的小白鱼孝敬夫子。但因小白鱼刺太多，吃起来特别费劲，所以，胡夫子每次吃鱼，就只喝些汤水，对美味的鱼肉则敬而远之。

夫子有一个小弟子叫常越，课余时间，常常呼朋引伴到河里摸鱼抓虾，每次捉来的小白鱼都被送到夫子居处。一日，他捉到不少小白鱼，兴高采烈地往夫子家跑去，当他蹦蹦跳跳穿过一个集市时，一不小心，小鱼篓从肩头的鱼叉上脱落，刚好掉在了旁边糕点铺滚烫的油锅里。店铺老板认得小常越，也知道这鱼儿是小常越辛苦捉来孝敬胡夫子的，出于对夫子的敬重，店铺老板并没有为弄污了油锅而动怒，而是赶紧把鱼儿从油锅里捞出来。

小常越提着油炸小白鱼，来到夫子处，向胡夫子讲了事情的经过，胡夫子感其心意，安慰小常越说：这几条小鱼真是调皮，不安分在水里游，非要跑到油锅里再游一圈儿。小常越听了夫子的话，破涕而笑。为了不辜负孩子的一片心意，夫子并没有把鱼儿扔掉，而是去鳞去内脏，加盐加料后做成了一道"煎烧小白鱼"。没想到，这样做的小白鱼，鱼肉脱骨，外酥里嫩，滋味浓厚。夫子把鱼连头带尾吃得干干净净，还不住地点头称赞。与其说是机缘巧合成就了一道美食，倒不如说是师生之情让这道美食历久弥香！

品尝这道菜，让人常常追思起贤岭之上、浉河之畔的历代大儒、先贤，手不持黄金印，帽不插琼林花，满腹经纶居山野，只为一心育后人。

桂花皮丝

"皮丝"是信阳市固始县著名的土特产，系用洁净的猪肉皮经过浸泡去脂、片皮、切丝、晾晒等工艺加工而成的干制品。猪肉皮，古称"肤"，俗名"肤皮"。

皮丝的吃法很多，可拌可炒，可扒可烧，以其为主料可制作20多种菜肴，"桂花皮丝"即用皮丝配以鸡蛋黄、韭菜头等，加调料葱丝、姜丝、精盐、味精、绍酒、熟猪油、花生油制成。色似桂花，橙黄悦目，别有风味，令人垂涎欲滴，回味无穷。"桂花皮丝"具有养颜美容、延缓衰老之功效。南北朝医学家陶弘景说它具有治疗咽喉痛、消除胸闷心烦等医疗价值。

作为菜肴原料的皮丝于明朝末年开始生产，相传系古蓼城（今信阳市固始县蓼城岗）民众创制。清代咸丰年间，祖籍固始的巡抚吴元炳曾以此作为乡土特产进奉朝廷，颇受皇帝后妃青睐。自此，"固始皮丝"被列为贡品。

吴元炳（1824—1886），字子健，固始县城关人，咸丰年间进士。其后出任湖南布政使、湖北巡抚、江苏巡抚、两江总督、漕运总督、安徽巡抚等职。咸丰年间，吴元炳回固始探亲，选取一些家乡的特产带进宫去，献给皇帝和妃嫔们。吴元炳于万千物产中选中了"桂花皮丝"。"桂花皮丝"以其金黄的色泽、松嫩爽香的口感，颇受咸丰帝及后宫嫔妃们喜爱，被钦点为宫廷御膳，成为王侯将相们争相品尝的美味佳肴。从此，作为贡品的"固始皮丝"名扬天下。

1915 年，"固始皮丝"和茅台酒一起，被选为中国名特产品参加巴拿马万国博览会，由此走向世界。在美国华人社区，亦有数家餐馆视此为珍品，烹调美味"固始皮丝"，享有盛名。1979 年，联合国水利考察团来固始县考察时，县政府招待所特意以皮丝入宴，将其作为首道菜款待来宾，受到外国朋友交口称赞。

"桂花皮丝"就是这样一道菜：古时，它从民间走向宫廷；如今，它从国内走向了国外。任时光流转，境遇变迁，唯一不变的，是它那份清香之美！

豫南杀猪菜

在大别山腹地的豫南信阳农村，至今依然保留着"杀年猪"的习俗，即在快过年的时候，从自家养的猪里面挑选出一头最健硕肥美的猪杀掉，然后做成一大锅"杀猪菜"，邀请左邻右舍、亲朋好友前来美餐一顿，谓之"吃猪盉子"。此举一则是联络亲戚乡邻的感情，二则是表示庆贺。"杀猪菜"，以猪肉为主，杂以其他食材炖制而成。主人家请来杀猪的"把式"，也要给予他一定的报酬，通常是把猪头、猪蹄、下水中的一部分作为他的酬金，杀猪者也并不推辞，因为这是约定俗成的惯例，也算是吃"杀猪菜"的一种形式。

烹制一道"豫南杀猪菜"，同贴窗花、挂年画、写春联、蒸年糕、打糍粑一起，成为豫南信阳这方水土上的人，在中国最盛大、最热闹的传统节日——春节共有的伦理情感、生命意识和文化认同。

现在的"杀猪菜"在保持原有风味的同时，其制法已经有了很大的改进，口味更鲜美，内容更丰富，几乎把猪身上所有部位都做成了菜，猪骨头、猪皮、猪蹄、五花肉、猪血、猪肚、肥肠、猪肝等，无处不能做成美味佳肴。

蒜瓣烧泥鳅

信阳地处大别山地和淮河冲积平原，属于亚热带半湿润季风气候。境内因河网纵横，美味食材丰富，泥鳅就是其中一种。泥鳅，又叫鳅鱼，在信阳四时可取，以泥鳅为食材的美食也是花样繁多，其中的"蒜瓣烧泥鳅"，可谓集美味与养生于一体，堪称一绝。

据说，这道菜源于信阳光山。很早之前，这里有个孩子叫王孩儿，父亲早逝，母亲卧病多年，家境贫寒。但王孩儿是个十里八乡有名的孝子，每日打柴卖柴，四处寻医问药给母亲治病。

一日半夜，王孩儿母亲病重，告诉王孩儿，自己想吃肉。王孩儿万分悲伤，心里明白，母亲已到弥留之际，只是这半夜三更，肉无处可买；但对于母亲的要求，王孩儿一定要想办法满足。他苦思冥想，突然忆起每日打柴经过的路边，有一条干涸的小河，他想去看看能否抓些鱼回来。王孩儿赤脚在小河里抓了两个时辰，一条鱼也没抓到，倒是摸到了几条泥鳅。王孩儿无奈，只得将泥鳅宰杀洗净，用烧鱼的方法做起泥鳅来。为了去除腥味，王孩儿就把泥鳅双面炕至泛黄，然后放入少许油，加入葱花、生姜、蒜瓣。烹制完成，王孩儿将做好的泥鳅端到母亲跟前，为没有让母亲吃上肉而感到惭愧。母亲没有怪罪他，端起碗吃了起来，并不停地说："好吃！好吃！"母亲吃罢，美美地睡去。王孩儿一直陪在床边，不忍离去。

令王孩儿意想不到的是，第二天早上，母子俩并没有阴阳两隔，母亲的精神反倒大好，并说还想吃昨天的那道菜。王孩儿按照摸索出来的做法，每日为母亲烹制这道"蒜瓣烧泥鳅"，母亲身体逐日好转！

街坊四邻听说后，纷纷学着做这道菜，说这是一服起死回生的灵丹妙药。后经世代相传，并不断完善改进，"蒜瓣烧泥鳅"成了今天信阳乃至河南的一道经典养生菜肴。

泥鳅含有比较丰富的铁、锌等微量元素。铁是红细胞的重要组成元素，可以增强血液的带氧能力；很多疾病与缺锌有关，包括可怕的癌症和糖尿病，补充锌还可以保持皮肤健康、增强人体免疫功能等。泥鳅属于高蛋白、低脂肪类食材，具有抗血管衰老的功能，故有益于老年人及心血管病人。加入提香和去腥的蒜瓣作为配料，腥味全无，香气四溢，可谓味养兼备，广受大众欢迎。

黄岗鱼汤

信阳，高山逶迤，秀水深藏，人杰地灵。钟灵毓秀的大地上总不乏美丽的传说。这个传说，是关于八仙和一道美食——"黄岗鱼汤"的故事。

相传，光州境内住着一位姓李的员外，他为人仁厚，乐善好施，三教九流去他家做客，他都管吃管喝，临别时他还送些盘缠。

这一天，铁拐李、汉钟离、吕洞宾、韩湘子、何仙姑、蓝采和、张果老、曹国舅等八仙化作凡人来到他家，李员外看他们仙风道骨、气度不凡，就以上宾之礼好生招待。菜肴异常丰盛，八仙食之，赞不绝口，但总觉少了一道美味。众仙商议，好菜不可无鲜汤，商量着赐李员外一个做汤的法子。张果老说道："我常于此地云游，识得此地的鱼儿肥美有加，不如就教他一个做鱼汤的法子吧。"李员外遵照八仙赐予的做法，安排家厨做来这道鱼汤，真可谓鲜香四溢，八仙就着这美味佳肴，把酒言欢，醉了三天三夜。临走之时，八仙又把收集的四方灵水洒遍光州大地，以保此地鱼米丰饶。

如今的潢川县黄寺岗镇，土地肥沃，水源丰富，鱼米飘香，有"鱼米之乡"之美誉。随着渔业资源的逐步丰富，以原黄岗老厨师张德富为首，当地人开始研究和改进"黄岗鱼汤"的做法，经过努力，终于推出了今天人们熟悉的"黄岗鱼汤"。

"黄岗鱼汤"用料以无污染深井地下水和自然生长的野生"胖头鱼"（鳙鱼）为主，采用家传秘方和现代手法，结合科学配方，精选10多种名贵中草药腌制，用小火精心煮制而成。端上桌来鲜香四溢，色白质嫩，味道鲜美，鲜香劲辣，醇香可口，令人回味无穷！

"黄岗鱼汤"营养丰富、味道鲜美、食而不腻、健脑提神、美容养颜，且老少皆宜，深受各地食客喜爱。

将军菜

在群山绵延的大别山深处，生长着很多野菜，这些野菜中，以花儿菜为最多。

在"将军县"——河南省信阳市新县做客，主人总要端上几盘野干菜，说："来，请吃将军菜。"不待你发问，主人已面露自豪之色，便将菜名的来历娓娓道来。

"将军菜"虽未见史料记载，但它已然成了这片土地上那段艰苦卓绝的革命征程的见证。当年，新县地处鄂豫皖革命根据地的中心地带，红军在这里打游击。为冲破敌人的封锁、包围，将士们采山中的野菜吃，除吃新鲜的，还将其制成干菜备用。用野菜做成的饥可果腹、病可入药的"穷人菜"，成为这些将士们最深的革命记忆。后经南征北战，中国革命取得了胜利，战士成了将军，却忘不了大别山的野干菜。因此，新县人就把几种山中最多、将军们念念不忘的野菜叫作"将军菜"。

将军菜，如同老一辈无产阶级革命家的精神一般，生长于山野之间，饮晨露，沐清风，不羡芳华，甘守初心！

毛尖虾仁

信阳属亚热带半湿润季风气候，气候温暖，光照充足，降水丰沛，物产丰富，其中，信阳毛尖、南湾鱼和信阳河虾等最负盛名。有一道菜，就是信阳毛尖和虾仁这一对山珍水馐的完美搭配。

早在唐代，信阳茶已被列为朝廷贡品，当时全国的贡茶地区共有16个郡，其中义阳郡（今信阳境内）茶叶品质极优。义阳知州进献贡茶的同时，也常会把当地有名的特产带进宫去。传说，这天恰逢武则天肠胃不适，百珍难咽，宫廷御厨一筹莫展，千方百计要做一道能够让女皇开胃，又清淡爽口、营养丰富的菜肴来，一位大厨无意间从义阳献的贡品中发现了硕大肥美的河虾。经去壳、清洗并配着女皇最爱的"口唇茶"，做出了一道"茶香虾仁"。这道菜，虾仁玉白、鲜嫩，茶芽碧绿、清香，色泽艳丽，滋味独特。爽口的虾仁，伴着清香的茶叶，女皇食之，唇齿生香，胃口遂开，对此道菜称赞不已，精神大悦，并赐银在信阳车云山头修建了一座千佛塔。历经1000多年，千佛塔虽已破落，但仍屹立在山头，成为信阳物产丰饶的一个历史见证。

这道"茶香虾仁"，由宫廷传入民间，后经不断改进烹饪技法，成了今天信阳的一道特色菜肴——"毛尖虾仁"。现今这道菜选材也愈发考究，常选用"色绿、香郁、味甘、形美"的清明节前信阳毛尖和鲜河虾仁烹制而成。

"毛尖虾仁"，菜形雅致，颜色清淡，芡汁清亮，口感鲜嫩；虾仁玉白，细嫩爽滑，鲜香适口；茶叶碧绿，味道清香甘美。虾肉富含胶原蛋白、氨基酸和钙、磷、铁等矿物质，味道鲜美、营养丰富，绿茶含多种维生素，并有软化血管、降低胆固醇等功效。毛尖和虾仁优势互补，共同成就了一道上佳的健康养生菜肴。

黄豆芽炖小酥肉

在信阳民间，流传着一道菜和一个九子孝母的故事。

　　传说在古光州境内，住着一位老妇人，她生了九个儿子，含辛茹苦地把儿子们养大成人并帮他们成家立业。可是后来，这些儿子一年半载也不回家看望母亲一次，年迈的老妇人成了无人问津的孤家寡人。老妇人本就体弱多病，又因思念过度遂一病不起，向儿子们求助，竟无人愿意过问。老妇人心灰意冷，便投井自溺了。

　　井龙王看老妇人阳寿未尽，又同情她的遭遇，于是把老妇人救起，并送了一包"灵药"，让她赶紧回家做一道菜，然后把这包"灵药"撒入其中，等待孩子们回家。

　　老妇人回到家，依照井龙王吩咐，买了肉，又把家里仅有的面拌在肉上，用油炸过，想着孩子多不够吃，就把田里刚长出来的黄豆芽苗拔了，和着肉，炖了满满一大锅。老妇人做好饭，左等右等，不见儿子们回来，甚是焦急。突然想起，井龙王送的那包"灵药"还没有放进锅里。老妇人连忙打开，里面包的不是什么灵丹妙药，而是九个儿子的一把头发。老妇人泪流满面，想起儿子们小时候的天真无邪，又想起现在的无情无义，真是爱恨交加。她只得听从井龙王的建议，且把头发当作"灵药"放入锅中，只盼儿子们能如愿回到自己身边。果然神奇，头发放入锅内，化作袅袅幽香，和着菜香，向远处飘去。不一会儿，儿子们携妻带子结伴归来，纷纷跪在老妇人面前，向母亲认错。老妇人却没有责怪儿孙们的意思，赶紧拉起儿孙们，让大家围坐在一起，一边吃着这道情意满满的"黄豆芽炖小酥肉"，一边诉说着母子情深。老妇人吃惊地发现，儿子们的鬓角上，都少了两撮头发，原来是被井龙王拔下来啦！从此，老妇人的九个儿子争相孝顺母亲。

　　或许，这只是一道美食的传说，但让世人经久传诵的，却是世间最伟大的母爱和叫人永不忘本的孝道！

汗千张

汉文帝十六年（前164），刘安以长子身份袭封为淮南王，时年约16岁。刘安好读书鼓琴，礼贤下士，潜心著书立说。汉武帝元狩元年（前122），武帝以"阴结宾客，拊循百姓，为叛逆事"等罪名派兵入淮南擒拿刘安，幸得淮南王府中一位忠义之士，他舍身替刘安拔剑自刎，刘安得以逃脱。自此，刘安率众携母走上艰难的逃亡之路。他由寿春经百雁关辗转至义阳（今信阳）境内鸡公山一带（汉初，鸡公山属南阳郡平氏县义阳乡），经日奔波，刘安老母不堪颠簸，一病不起，脚不能走，口不能食，刘安索性就在这被巍峨群山包围、秀水深藏其中的鸡公山一带安顿了下来，以孝侍母，以志事道。

一日，刘安在炼丹炉上为母亲温煮豆浆。不料，一阵风吹来，将炉内正在炼制的寒水石末吹至锅中，豆浆随即凝结为"菽乳"，这便是今天豆腐的前身，刘安因之被尊为豆腐鼻祖。明朝罗顾在《物原》中提到《前汉书》中有刘安做豆腐的记载。明朝李时珍在《本草纲目》中也说："豆腐之法，始于前汉淮南王刘安。"

随后，刘安及门客术士在制作豆浆、豆花、豆腐的基础之上，又做出一种豆制品，它薄得几近透明，似一张张可捻开的宣纸，入口绵软、清香、甘甜，让人过齿难忘，于是命名为"千张"。千张便于携带，随食随取，切成长条，可凉拌，可清炒，可煮食。因刘安心中惆怅郁结，不经意间，常随手将千张打成心结状，用汤水细煨慢炖，千张久煮不变形，色泽微黄，食之口感细腻，柔韧耐嚼，满口生香，于是就有了一道意外的美食。这道美食经后人不断改良，就成了今天的信阳特色菜肴"汗千张"。当人们做着这道似有千千结的"汗千张"时，总不免追忆起那个孝心动地、求道感天的亡命才子刘安和他那部绝世巨著《淮南子》。

信阳热干面

信阳地处河南南、湖北北，扼豫而攘楚，是中国南北文化相互影响、渗透、交流、融合之地，素有"江南北国，北国江南"之美誉。

信阳的草木山水、风土人情，处处可见北国之淳朴，又兼南国之婉约。信阳博采众长，兼收并蓄，即便是一道"舶来"的小吃，历经年年岁岁、月月日日，竟也被这座城市的文化熏染成了一道极具本土特色的地方美食。这道小吃，就是信阳风味小吃之一——"信阳热干面"。

"信阳热干面"作为一种大众小吃，久负盛名。热干面源于湖北武汉，与信阳的饮食融合，逐渐演变形成一道独特的风味小吃——"信阳热干面"，可谓"青出于蓝而胜于蓝"。

20世纪70年代初期，热干面经由武汉传入信阳。信阳人根据本地人的饮食习惯和特点，对热干面进行了一系列的改造升级，吸取了武汉热干面的精华之处，又按照信阳人的饮食特点和习惯加以改进，形成了自己独特的口味。改进后的热干面在信阳得到迅速传播，成为当地最具地方特色的小吃。信阳的餐馆里、食堂里、大街小巷到处都有热干面的踪影。热气腾腾的热干面，放上各种作料后，顿时香味扑鼻，令人食欲大增、百吃不厌。在外地工作的信阳人，回来的第一件事就是吃一碗香喷喷的"信阳热干面"，以解离愁别绪之苦。

这道美食，它并不时尚，很难和那些美得像花一样的蛋糕、比萨相媲美，但信阳人无论身在故乡还是异乡，一有机会，总不忘吃上一碗信阳热干面。也许就是这小小的一碗面，承载了信阳人对家乡的眷恋与思念吧！

麻里贡馓

"麻里贡馓"据传是传承下来的古楚之地的美食，又称"金丝贡馓"。麻里，即在今天的信阳市淮滨县境内一个叫作赵集的地方。

据传，淮滨的"麻里贡馓"最早出现在春秋战国时期。彼时，淮滨孙叔敖出任楚庄王令尹，在期思一带兴修水利，消除水患，受到百姓的尊敬和爱戴。当地百姓为表达对他的感激和崇敬之情，用极细的面粉，加入少许盐和水，搓成细条，组成一束，然后扭成环形，放到油锅里炸熟，送给孙叔敖，以表心意。孙叔敖品尝后，感到既焦脆又爽口，非常好吃，便把制作人请来传授技艺。因炸熟的面条呈扇形有序排列，人们就将这种炸制食品称作"馓子"。于是，馓子的做法很快在楚国境内传开，一直流传至今。

信阳各地制作的馓子，以淮滨县麻里（赵集）制作的最有代表性。早在明洪武二十年（1387），麻里制作的馓子就因色泽金黄、形如盘丝、香酥可口被列为贡品。因此，麻里制作的馓子也被当地群众称为"贡酥"。

一束馓子，犹如一个个轮回，牵绕在游子与家乡之间，无论游子身在何方，只要吃一口家乡的馓子，那股酥脆爽口的味道，都会让游子油然生起扯不断、心难舍的故园情。

鸡汤贡面

光州贡面历史悠久，相传创制于唐朝，至今已有 1000 余年的历史。

据 1992 年《潢川县志》记载：光州贡面，原名挂面，曾以味美价廉"风销华夏"。贡面系用面粉加入一些作料，经过 10 多道工序制成，条细如丝，中空似管，爽滑可口，被人们誉为"夺面食之魁"，故又称"魁面"。该食品已收入《中国名食录》一书。

传说，武则天做了皇帝，便布告天下，要在她登基百日之时，举行盛大庆典，又传旨光州刺史：往年光州进贡的挂面都是实心的，如今已改朝换代，三个月内要做出空心挂面，以备百日盛典食用。

光州刺史接到圣旨，脑子一阵发术，心想：挂面本来就比麻线还细，怎么能把它做成空心，这不是异想天开吗？可他知道武则天是个心狠手辣、说到做到的女人，若违背了她的意思，那是没有好果子吃的。于是，他赶忙把光州城里所有的挂面师傅召集在一块，限他们在两个月内做出空心挂面，否则，就办他们个欺君之罪。

那时，光州城里挂面做得最好的要数一个姓马的师傅，因他手艺出众，同行都佩服他，尊敬地称他"马老大"。马老大接到刺史的指令回到家里，心里明知空心挂面是武则天一时高兴想出的花样，也许根本就做不出来，可他也没有办法推卸皇差，只好硬着头皮，抱着试试看的态度干起来。这个马老大想尽办法后果真做了出来，空心面终于按时进贡到朝廷。武则天见了，不禁连连称奇。当御厨将一碗鸡汤下的空心挂面呈上来，只见汤是汤、面是面，吃上一口，爽滑可口，鲜美无比，武则天甚为满意。

到宋朝时，光州（今固始、潢川）州官将这种面作为礼品进献给宫廷，宋仁宗食后，大赞："美哉，光州贡面！"从此光州精制的空心挂面，以"贡面"之称闻名于世。

"鸡汤贡面"作为一种历史悠久的传统面点，不仅为后人留下了一道唇齿留香的美味佳肴，而且承载着许许多多的历史传说和故事，令后人景仰。

油酥馍

息县"油酥馍"又名"油酥火烧"，系风味小吃中的佳品。油酥火烧以面粉为主料，掺和生猪油、香油、葱花、食盐等作料，用铁鏊烙制并火烧而成。其制作工艺独特，操作方法古老，风味别具一格。

息县油酥馍始于明代，至今已有 400 余年历史。说起油酥馍，民间还流传着这样一个故事。

很久以前，一个息县的女子被选入皇宫封妃了。她因思念家乡，茶饭不思，皇帝很是忧虑，命御膳房为其调剂餐食，御膳房也希望能做出皇妃想吃的东西。终于有一次，皇妃说她想吃家乡的饼子。皇帝立即安排人到息县采办。皇妃吃了家乡的饼子，思乡之心得到慰藉，心情便好了起来。这饼子外形椭圆，色泽金黄，细丝盘绕，入口即碎，酥脆甜香，十分可口。皇帝也惊讶于饼子的美味。皇妃介绍说：这就是家乡息县的油酥馍。于是，油酥馍便被列为贡品。

据传，清朝咸丰年间做过刑部尚书、兵部尚书、左都御史的周祖培，每年回家省亲，路过息县，不但要品尝一番油酥馍，还要带上一些，进献给皇上。慈禧也很爱吃这种馍。到了光绪年间，油酥馍的名气就更大了。河南巡抚李鹤年，每年秋后，都要到息县吃这种油酥馍，还称之为"千层饼"。

清光绪年间，息县烙制油酥馍者已有数十家，唯熟食世家出身的熊明德在名师蔡安仁的指教下制作的油酥馍味美艺精，久负盛名。1942 年，熊明德带徒传艺，息县城关镇东大街彭增仁拜师求学，后技艺超群，驰名中州。20 世纪 70 年代末，彭增仁重操 30 年前之旧艺，自开油酥火烧店。其店虽小，却顾客盈门，众人食后赞不绝口，后因供不应求，每天只能限量供应。1980 年 3 月，河南省名菜、名点、风味小吃展销大会在郑州举行，来自全省的 150 种风味小吃中，71 种被评为名吃，息县油酥馍名列前茅。

鸡蛋灌饼

"鸡蛋灌饼"是源于信阳罗山的汉族传统名点，以松软可口、外焦里嫩、营养丰富、制作便捷而深受人们的喜爱。

这道香酥可口的美食里面，藏着一个浪漫美好的爱情故事。

传说，一位书生进京赶考前外出游览，路过罗山，行至灵山脚下。只见这位少年书生打扮，面容温润如玉，眸子清澈透亮，着紫衣，摇折扇，不紧不慢，走走停停，仿若流连路旁风景，实则顾盼溪水旁少女的倩影。不远处少女的嫣然一笑，牵动了少年的心。

自那日分别后，书生对少女一直念念不忘，虽要在家苦读以备赴京赶考，但是得空就会去灵山寺附近的村庄寻找少女，几次三番却终未寻得。

考期将近，书生整理完行李，心中不免惆怅，便外出散心良久，腹中不免饥渴，遂寻得一户人家讨水喝。谁料，开门者正是梦中之人，惊喜之余，四目久久对望。少女的父亲询问书生何事，书生如实相告，少女眉开眼笑地给书生倒了茶，又恐怕他饿，便和了些面准备烙饼子，并从鸡窝里取了两个鸡蛋，从地里拔了根葱，烙饼子时两张饼合在一起，中间刷上油，用筷子在饼上戳了个小洞，将鸡蛋打散加葱花灌入饼中，饼子烙熟后色泽金黄，外酥里嫩，书生吃后赞不绝口。后来，书生中了进士，红袍加身，如愿迎娶了少女。

勺子馍

相传，公元 8 年，王莽称帝，改国号为"新"，寓意巩固政权、施行新政。新莽末年，海内分崩，天下大乱，刘秀起兵。

王莽带兵追杀刘秀，刘秀逃出京城长安，马不停蹄地日夜逃命，不免又饥又寒。一天，刘秀逃至信阳，策马穿城而过，行至白马桥时，见一个卖勺子馍的店铺油锅上摆放着一排炸好的勺子馍，刘秀顾不上下马，拔出佩剑，一剑直刺勺子馍的中心，将一串勺子馍挑起，飞马而去。路上，刘秀在马上边跑边吃，感到又香又脆，甚是好吃。后来，刘秀登基，但一直没有忘记逃命信阳时的那家店铺和勺子馍，后专程到信阳酬谢店铺主人。从此，信阳勺子馍声名大噪，前来品尝的人络绎不绝。这家店铺的主人也十分有心，在炸制勺子馍时，特意将原本中间没有孔的勺子馍，正中留一个像剑穿过的孔，以表明其正宗。后来的勺子馍中间都有一个孔，人们吃勺子馍时，也是拿筷子或树枝从勺子馍中间的孔中穿过，从四周咬着吃。刘秀酬谢的那家店铺，因为生意兴隆，店主人家资巨万，后不幸遭劫，房塌人散，而他们制作勺子馍的技术却代代相传了下来。有诗为证："城内炸馍城外香，风味独特美名扬。如若吃了勺子馍，其他油货不足尝。"

勺子馍，以外焦里软、咸中带辣、清香味美深受人们的喜爱。它不仅是信阳的特色传统名点，而且逐渐由信阳走向了全国，成为人们餐桌上一道不可或缺的美味小吃。

糯香糍粑

相传，春秋战国时期，楚国的伍子胥投奔吴国，在吴国修建了著名的"阖闾大城"，以防侵略。阖闾的儿子夫差继位后，听信谗言，令伍子胥自刎身亡。他去世后不久，越王勾践乘机举兵伐吴，将吴国都城团团围住。当时正值年关，天寒地冻，城内民众断食，饿殍遍野。在此危难之际，人们想起了伍子胥生前的嘱咐："如国有难，百姓受饥，在相门城下掘地三尺，便可找到充饥的食物。"于是，人们便暗中拆城墙挖地，惊奇地发现，城基都是用熟糯米压制而成的砖块筑成。

原来，伍子胥在建城时将大量糯米蒸熟压成砖块，一方面用作城墙的基石，另一方面用作备荒粮。见此情景，人们不禁感叹伍子胥的先见之明！大家将糯米砖块挖掘出来并敲碎，重新蒸煮，分而食之。后来，在楚天一带，人们每到年底，便用糯米制成像当年的城砖一样的糍粑，以此来祭奠伍子胥。至今，糍粑仍是信阳人每年春节前必做的美食之一。有的地方将糍粑制作成圆形，有大有小，象征着丰收、喜庆和团圆；有的地方又称之为年糕，蕴含着吉祥如意、年丰寿高之意。

糍粑，可烤、可煮、可煎、可炸，柔韧鲜滑，香甜可口，作为信阳传统小吃，主要产地为商城、新县、潢川、光山等地。"杀年猪，做米酒，打糍粑，晒腊肉！"每到年关，孩童们就唱着歌谣盼过年。

粉条馍

传说在新中国成立前，新县（今名）的一户农家家境贫寒，母亲和孩子相依为命，生活十分拮据。一日，孩子的舅舅前来探望，关切地询问着这家人的生活。转眼到了中午，可家里并没有什么食材可供招待舅舅。这个孩子灵机一动，告诉母亲自己要去做饭，母亲也很是好奇，毕竟家中已无他物。只见孩子用笤帚扫尽缸底仅有的半碗面，然后将粉条切碎，和面成饼包入粉条，紧紧巴巴地做出来两个粉条馍。

孩子端着仅有的两个粉条馍给舅舅和母亲，舅舅问时，孩子却声称自己刚刚已吃过。舅舅猜到了孩子的心思，连声称赞好吃。

回去后，舅舅将那天经历的事讲述出来，这件事很快在村里传开了，直到现在，信阳人还经常吃这样一种小吃，以此传承着这个在豫南淮乡广为流传的尊长敬老的故事。

高桩馍

潢川"高桩馍"又叫"千层糕"，是当地的一种民间小吃。其历史可以追溯到唐朝。潢川当时地处光州境内，所以高桩馍在当时叫"光州馍"或"光州农庄馍"。十里不同音，百里不同俗，流传到周边郡府时，当地人就把"光州馍"听成了"高桩馍"。

民间流传的还有一种说法：唐朝时，潢川称光州（弋阳郡），自古为商业重镇，马队往来，客商云集，好不热闹。商贾路过光州，便要借宿一宿，第二天赶路时，都喜欢携带些光州馍作为干粮备用。光州人为方便客人携带，并表达好客之意，把光州馍做成客栈拴马的石桩样儿，客商每每吃起光州馍，便想起光州的客栈和光州人的热情。

光州"高桩馍"，外皮光洁如玉，既有麦香，还有米酒香味，可以长时间保存，很受欢迎。客商们除了将光州的丝绸、茶叶、药材、奇石、名花等丰富的物产带到各地，也将光州"高桩馍"的声名远播四方。

起酥肉馅烧饼

清末时期，时任体仁阁大学士的商城籍人士周祖培（民间称之为周宰相），非常喜爱家乡的"起酥肉馅烧饼"。某日，喜食"肉末烧饼"（"圆梦烧饼"）的慈禧太后大驾光临，在品尝周府的珍馐美味时，手指着烧饼问道："这是什么烧饼？"周大学士立即起身回禀道："是微臣家乡的'起酥肉馅烧饼'"。慈禧太后连声赞叹道："好烧饼！可与肉末烧饼平分秋色。"自此，"起酥肉馅烧饼"入选宫廷御膳，御膳房招周府家厨进宫专烤此饼，供慈禧太后和宫廷贵族们享用。从此以后，"起酥肉馅烧饼"与"肉末烧饼"齐名，统称"二饼"，誉满京城，传遍天下。

据《商城县志》记载，"起酥肉馅烧饼"以烫面、发面、黑猪五花肉、油酥等为主要原料，包馅成形之后，紧贴炭火缸炉内壁，用文火烘烤而成。其风味十分独特，外焦里嫩，形态美观，刀花清晰，层次分明，不油不腻，香酥可口。

信阳烤鱼

信阳人自古好鱼，有无鱼不成席的说法。

信阳人对鱼的吃法有"文吃"与"武吃"两种。"文吃"即蒸、煮、炖，"武吃"即煎、炸、烤。"武吃"当数"信阳烤鱼"第一。"信阳烤鱼"是著名的汉族小吃。此菜具体来源已经无从考证，应该是街边饭摊创制的一道菜，创制时间在1986年前后，创制时借用了川菜"东坡烤鱼"和"新疆烤羊肉串"的方法，短短30年便风行于信阳的街头巷尾。

这道美食把烧烤与火锅完美地结合在了一起，炭火烤制既保留了烤鱼特有的炭火香味和鱼肉的外焦里嫩，又避免了烤鱼常有的腥味和作料不容易入味的通病。最初烤的鱼是信阳土鲫鱼，可能因为鲫鱼刺多，为防止食客醉酒"囫囵吞枣"而误伤，后来逐渐演变为烤乌鱼。乌鱼肉质鲜嫩，口感上佳，烧烤过的乌鱼在料酒汤里煮入味，辅以丝状千张或豆腐，撒上荆芥，堪称佳品。

豫南"三八菜"

豫南地区的信阳人，以好客闻名远近。谁家来客了，先上清茶一盅，留下客人就得喝酒，下酒菜大都是"三八菜"。所谓"三八菜"就是八个凉盘、八个热盘、八个大碗，三八二十四个菜。这二十四个菜有讲究：

相传，在大别山下的一个山庄，住着张员外一家。这是个积善之家，修道敬神、修桥补路，也经常接济穷人，三教九流凡去他家者，他都会管吃管喝，临别时他还有所馈赠。这一天，王禅、王教、杨二郎、毛遂、白猿、南极仙翁、长眉仙、赤脚大仙这八位"上八仙"来到他家。张员外看他们仙风道骨，就做了八个凉盘好生款待，有卤牛肉片、牛肚丝、牛蹄筋、白斩鸡丝、蚕豆、橘子、豆筋、菠菜，和烧酒一起端了上去。"上八仙"酒足饭饱后重回天上去了。

没过多久，铁拐李、汉钟离、吕洞宾、韩湘子、何仙姑、蓝采和、张果老、曹国舅这八位"中八仙"也来到张员外家，张员外这次命人做了八个热盘端了上来，有炸春卷、炒鱿鱼、香酥鸡、八宝饭、炒鱼片、葱烧羊肉、烧全鱼、红烧牛肉，外加一壶酒，"中八仙"也在酒足饭饱后一同回到天上去了。

又过了一段时间，张百忍、鲁班、罗盛祖、刘伶、杜康、刘海、伏羲氏、三娘这八位"下八仙"也慕名来到张员外家，张员外得知这八位仙人能吃也能喝，饭量较大，就安排做了八个大碗，有清汤鸡、大酥鱼、小酥肉、清蒸牛肉、鱼丸汤、海参扒锅巴、银耳甜汤、羊肉火锅，外加几坛酒。吃罢，"下八仙"也心满意足地回到了天上。

"上八仙""中八仙""下八仙"聚到一块儿，都说张员外乐善好施、敬神崇道，应该度他成仙。鸿钧老祖跟他的三个徒弟对此意见有所保留，就决定下凡实地考验一番张员外。这一天，鸿钧老祖、太上老君、元始天尊、通天教主等师徒四人，变成四个叫花子，来到张员外家。张员外给他们一人盛了一碗干饭，打发他们走路。太上老君说："张员外，你这不对呀，'上八仙'来了，你做八个凉盘；'中八仙'来了，你端八个热盘；'下八仙'来了，你给八个碗，为啥只给俺们一人一碗饭呢？"张员外回应道："四位，我张某敬仙敬道不敬乞，要饭的不就图个吃饱饭吗？你们要是仙道，我就让你们进屋，坐上八仙桌，给那'上八仙''中八仙''下八仙'的菜都给你们端上来。"太上老君掏出度牒说："俺四个虽然不是仙，也修了几十年道，是昆仑山的道士，云游到这儿来了。"张员外一看不假，慌忙把四人让进屋，果真端上来了八个凉盘、八个热盘、八个大碗，并捧来几坛子酒。鸿钧老祖这才信了"上八仙""中八仙""下八仙"的话，遂点了点头。后来太上老君就点化张员外一家人成仙了。

张员外散尽家财，把房屋、田地都分给了穷人，跟乡亲们说了"三八菜待仙客"的事，随后，张员外一家十几口人都飞上天了。从此，豫南地区传遍了"三八菜待仙客"的故事，并形成了信阳人前门待客、后门借粮的淳朴民风。

后 记

后 记

2021年9月，信阳市第六次党代会确定把"两茶一菜"四化工程列入产业振兴十六工程，由此拉开了做大做强信阳菜产业的大幕。为了彰显信阳菜的特殊品质，对快速发展壮大的养生信阳菜做出全景式描摹，力求让更多的消费者了解、享用、喜欢、推介信阳菜，我们组织有关人员编写了这本《养生信阳菜》。

本书由谢天学担任主编，杨明忠、刘正国、刘向阳担任副主编。刘正国负责组织本书的编写工作，并承担第一、第三章的编写任务。杨培建、张新平分别承担了第二、第四章和第五章的编写工作。刘向阳对本书的架构设置、资料收集和书稿审核发挥了重要作用。刘莹参与了书稿的文字校对工作。书稿成形后以征求意见稿的形式分送有关领导、专家审核，收到了不少有价值的修改意见。

本书在编写过程中得到了原信阳菜推广办公室、信阳菜专班和市文广旅局、信阳日报社、信阳农林学院、信阳技师学院等单位的大力支持和帮助，在此一并致以真诚的谢意。

由于信阳菜和信阳菜文化研究工作尚处于起步阶段，能够收集到的成果和资料十分有限（仅有《中国信阳菜》《信阳菜》等少量资料），加之编写人员自身也还是在学习提高过程中，书中难免有不尽如人意之处，衷心希望广大读者批评指正。

编　者

2024 年 5 月